中国の宇宙開発

中国は米国やロシアにどの程度
近づいたか

CRDS JST
国立研究開発法人科学技術振興機構
研究開発戦略センター

林 幸秀 著

アドスリー

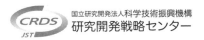

はじめに

筆者が属する国立研究開発法人科学技術振興機構（ＪＳＴ）研究開発戦略センター（ＣＲＤＳ）は、我が国の科学技術・イノベーション戦略を検討するうえで重要と思われる諸外国の動向について調査・分析し、その結果を海外の科学技術・イノベーション動向として情報提供を行っている。本書は、近年活動が非常に活発である中国の宇宙開発について、ＣＲＤＳの調査分析業務の一環としてとりまとめたものである。

新中国建国直後の宇宙開発は、毛沢東主席による両弾一星政策を中心として進められた。建国直後に勃発した朝鮮戦争において、マッカーサー国連軍総司令官が中国への原爆による攻撃を検討したことが毛沢東主席を強く刺激し、中国は核兵器・ミサイルの両弾と人工衛星の一星を独自で開発することを決定した。人民解放軍や政府は、大躍進政策や文化大革命などの混乱期にあっても両弾一星政策を進め、ソ連からの技術をベースとして独自開発を加えたミサイル技術を発展させ、１９７０年４月に長征1号ロケットにより中国初の人工衛星である東方紅1号の打ち上げに成功し、両弾一星は完成した。

東方紅1号の打ち上げ成功により、中国では軍事利用と並行して民生用の宇宙利用を目指した努力も続けられることとなった。とりわけ文化大革命が終了した１９７６年10月以降は、長征ロケットの開発がシリーズ的に進められ、民生利用のための人工衛星の開発と打ち上げが活発化した。国家指導者の鄧小平による改革開放政策が進展し、経済が拡大するに従い科学技術も急激に発展したことを受け、中国では１９９２年４月に独自の有人宇宙計画がスタートし、１９９９年11月に建国50周年に合わせて中国初の宇宙船神舟１号の打ち上げに成功し、２００３年10月には宇宙飛行士楊利偉を乗せた神舟５号の打ち上げに成功した。これにより中国は、自国のロケットによる有人宇宙飛行に成功した世界で３番目の国となった。

２００３年の有人宇宙船打ち上げにより、中国は、有人宇宙ロケットを持たない欧州諸国や日本を技術的に凌駕し、宇宙大国である米国やロシア（旧ソ連）に肉薄したという分析がなされたが、本当のところはどうなのであろうか。この疑問にこたえるべく執筆したのが本書である。

本書ではまず、２００３年の宇宙飛行士楊利偉を乗せた神舟５号打ち上げのエピソードを紹介し、中国によるこれまでの宇宙開発活動の歴史を述べた。続いて宇宙開発の活動を、ロケットなどの宇宙輸送、人工衛星の利用、有人宇宙活動、宇宙科学の４分野に分け、これまでの歴史や各国の活動を紹介し中国の状況を見たうえで、中国と他の宇宙開発国との技術比較を行った。その際、人工衛星の利用はカバーする範囲が広いため、人工衛星バス、通信放送、航行測位、気象観測、地球観測に分類して記述した。次に、中国の宇宙開発を支える国家機関や国営企業について触れ、中国が関与している宇宙関連の国際協力について述べた。最後に、宇宙活動の4分野での中国と他の宇宙開発主要国との比較を基に、全体的な宇宙開発の技術比較を行った後、中国の宇宙開発における特徴を記述している。

このうち各分野と全体としての宇宙技術比較の前例として、筆者が属するＪＳＴ／ＣＲＤＳが２０１１年、２０１３年、２０１５年の3回にわたって実施した「Ｇ－ＴｅＣ報告書・世界の宇宙技術力比較」がある。Ｇ－ＴｅＣ（Global Technology Comparison）調査とは、重要な科学技術に焦点を当て各国・地域を調査・分析することで日本のポジションを把握し、今後の我が国の取るべき研究開発戦略の企画立案に資することを目的とするものである。本書では、これらの報告書のうち、２０１５年末までの各国・地域の宇宙開発活動を調査した結果をとりまとめた２０１５年度版をベースとして記述した。２０１５年度版の報告書は、ＪＳＴ／ＣＲＤＳ内に設置された「世界の宇宙技術力比較調査研究会」により執筆されており、委員長として青江茂元文部科学省宇宙開発委員会委員長代理、委員長代理として小澤秀司元宇宙航空研究開発機構（ＪＡＸＡ）理事、委員としてＪＡＸＡ、国立天文台、株式会社ＩＨＩ、日本電気株式会社、三菱電機株式会社、三菱重工業株式会社、ＩＨＩエアロスペース株式会社の専門家が参加している。本書では、これに加えて２０１６年1月から２０１８年6月末までの各国の宇宙開発活動を追加的に調査分析することにより、２０１５年度版の報告書からの概略的な補正を行っている。

一般的に中国の科学技術に関し、その内容を具体的に知ることは、かなり困難を伴う。近年は中国でも欧米流の情報公開的な考えが浸透しつつあるが、それでも施設訪問や研究者とのインタビューなどで、他の国では考えられないような困難を伴うことがよくある。さらに宇宙開発については、それに加えて軍事技術開発の側面を有することで、より困難な面もある。他方宇宙開発においては、宇宙空間という人類共通の空間を利用することもあり、宇宙物体登録条約により宇宙物体の打ち上げ国に対し登録簿への記載が義務づけられているなどのため、軍事に絡む他の技術分野より情報が得やすい面もある。本書および本書における評価のベースとした「世界の宇宙技術力比較（2015年度）」では、対象を基本的に民生用の技術開発に限っているが、判明している範囲内で軍事技術の動向についても触れている。

米国やロシア（旧ソ連）といった宇宙開発大国と比較し中国が現時点でどの程度かであるが「世界の宇宙技術力比較（2015年度）」の結論として、有人宇宙ロケットを開発したとはいえ宇宙活動全般ということであれば、中国は米国やロシアだけでなく欧州や日本にもまだ追いついていないとの結果になっている。中国の場合には宇宙開発活動を本格化してからの時間と蓄積がいまだ少なく、とりわけ宇宙科学での活動が圧倒的に弱いことがその理由であった。ただし近年の中国の宇宙活動は極めて活発であり、2016年以降の活動実績を勘案すると、米国とは依然として大きな差があるものの、中国は日本を追い抜き、ロシアや欧州とほぼ互角の技術力を有していると想定される。

今後、急激な経済発展から得られた豊富な研究開発資金と圧倒的な人材力により、中国の宇宙開発はさらに加速していくと考えられるが、キャッチアップの段階でなされた急激な発展が、中国独自の優れた技術や成果に転化されるかどうかは議論のあるところである。この辺りについては、最終章の中国の宇宙開発の特徴をお読みいただきたいと考える。なお最終章は、20年近くにわたり中国の科学技術を調査分析してきた筆者の個人的な意見であり、ＣＲＤＳ内に設置された前述の「世界の宇宙技術力比較調査研究会」の意見でなく、ましてやＪＳＴ／ＣＲＤＳの意見でないことを、念のために申し添えたい。読者の率直な御意見をお待ちしている。

２０１８年8月

国立研究開発法人　科学技術振興機構
研究開発戦略センター　上席フェロー

林　幸　秀

目次

第8章　有人宇宙技術　111

第9章　宇宙科学　133

第10章　中国における宇宙開発の担い手　151

序章

２００３年10月15日早朝、中国西北部の甘粛省酒泉市近郊に位置する酒泉衛星発射センターの問天閣は、人々の熱気と緊張に包まれていた。問天閣は、ロケット打ち上げ施設である酒泉衛星発射センターに付置されている施設で、宇宙飛行士の飛行・任務の訓練施設、生活施設、記者会見場などがある。戦国時代の楚の詩人である屈原の「問天（天に問う）」という語句に由来し、宇宙飛行士が宇宙の神秘を真摯に追求することを示唆している。

午前5時20分からは、中国共産党のトップである胡錦涛総書記の臨席の下、中国初めての有人宇宙飛行の壮行会が始まり、中国人の宇宙飛行士第一号となるべく楊利偉飛行士が、「精神を集中してすべての使命をしっかりと実行し、祖国中国とその人民の期待に応えたい」と、力強く意図表明を行った。

中国の国家威信をかけたプロジェクトでもあり、中国の最高幹部である中国共産党中央政治局常務委員会の常務委員9名全員が、この打ち上げを酒泉と北京で見守っていた。前年の２００２年11月に開催された第16回中国共産党全国代表大会において、江沢民から共産党トップの地位を継承した胡錦涛総書記であるが、日が浅く権力基盤がまだ十分に固まったとはいえない状況が続いていた。その意味でこの打ち上げは、胡錦涛体制を盤石なものにするためにどうしても成功しなくてはならないも

問天閣の正面　©百度

のであった。酒泉では胡総書記に加え黄菊国務院副総理、呉官正共産党中央紀律検査委員会書記ら3名の常務委員が、北京航天飛行控制センターでは温家宝国務院総理ら6名の常務委員が、かたずを飲んで打ち上げを見守っていた。

5時30分、楊飛行士は銀白色の宇宙服に身を包み、李継耐有人飛行総管理者（中央軍事委員会委員、人民解放軍総装備部部長）に最終的な確認を求めた後、射場のロケットに向かった。6時15分、楊飛行士は射場のロケットに搭載された宇宙船「神舟5号」に着座した。船内では打ち上げ前の百項目以上にわたる準備・確認作業が、地上ではコントロールセンターの機能管理や楊飛行士の生理データのモニタリングが併せて行われ、すべてが正常に推移した。

9時きっかりに、神舟5号を載せた中国国産ロケット「長征2号」が轟音とともに打ち上げられ、9時10分には神舟5号がロケットから切り離され

神舟５号の打ち上げ　©百度

て、無事に地球を周回する所定の軌道に投入された。船内には、中国国旗、国連旗、２００８年に開催予定の北京オリンピックの旗、中国初の有人宇宙飛行の記念切手などが搭載された。神舟５号は、およそ21時間にわたり周回軌道で地球を14回周回した。

翌10月16日の5時過ぎに、北京航天飛行控制センターから地球への帰還指令が発せられた。神舟５号は、その後徐々に飛行高度を下げ、６時23分に大気圏に突入した。神舟５号が着陸した場所は、内モンゴル自治区首都フフホトから約80キロメートル北方にある四子王旗であり、楊利偉飛行士が宇宙船から地上に出た直後に、温家宝総理から祝福の電話がなされた。中国が欧州主要国や日本を追い抜き、ロシア、米国に次いで世界第３番目となる有人宇宙飛行技術を手に入れた瞬間であった。

旧ソ連がボストークによりユーリイ・ガガーリ

ンを打ち上げたのは1961年4月のことであることや、米国がアポロ11号によりアームストロング船長らを月へ送ったのは1969年7月であることを考えると、2003年の初有人飛行成功はかなり遅れて達成されたものである。しかし、中国の指導者や国民は熱狂的にこの成功を歓迎した。

中国の宇宙開発は他の先進諸国に比較すると遅れてスタートしており、さらに1966年から10年間にわたり文化大革命という政治的・社会的な大混乱の時代を経験していることを考えると、米国と旧ソ連は別格であり、当面の競争相手はフランス、ドイツ、英国等の欧州勢や近隣の日本であった。これら欧州勢や日本は、自らのロケットにより有人宇宙飛行を成功させていない。宇宙開発は科学技術のいろいろな要素を組み合わせて実施されるものであり、いわば総合的な科学技術開発である。中国は科学技術の面で欧米諸国や日本などに後れていると常にいわれてきたが、中国国民はこの神舟5号の成功により科学技術でこれらの国々を凌駕したという思いを強くしたのである。

文革後の経済低迷期を経て、国家指導者の鄧小平が深圳や上海などを視察し南巡講話を発表したのが1992年1月であり、それ以降中国は急激な経済成長を開始した。2001年にはWTOに加盟し、神舟5号打ち上げが成功した2003年は2桁の経済成長が続いていた時期であり、2010年には日本をGDPで追い抜いて世界第2位の経済大国となっている。その意味でもこの有人宇宙飛行成功は国民にとって、一流国への仲間入りの象徴でもあった。

一方、米国や旧ソ連の流れを汲むロシア、さらには欧州諸国や日本の宇宙開発関係者は、中国の有人宇宙飛行の成功をそれなりに評価するものの、宇宙開発が総合的な科学技術開発であり有人飛行技術だけで判断できないことなどから、現在のところ中国の宇宙開発全般を比較的冷めた目で見ているように見える。そこで本書では宇宙開発をいくつかの分野に分け、先行した米国やロシアなどのこれまでの開発の歴史を概観し、中国の開発の歴史と現状や将来計画を述べたうえで、中国と他の宇宙先進国の技術的な比較を通して、中国の宇宙開発の実力に迫ることを考えた。

1章
中国の宇宙開発史概略

数千年の悠久なる歴史を有する中国は、宇宙に関しても様々な発見や発明を行っている。具体的には、ロケットやミサイルの原型となる武器の開発や天文学上の発見などであるが、これらは後述し、ここでは近代の宇宙開発の概略を述べたい。

宇宙とは

天文学的観点での「宇宙」はすべての天体・空間を含む領域をいうが、本書でこれから述べていく宇宙開発における「宇宙」とは、地球の大気圏外の空間全体であって高度100キロメートル以上を便宜的に指すことにする。ちなみに、国際線で我々を乗せて飛ぶ飛行機の高度は約10キロメートル(1万メートル)であり、高度100キロメートルはその10倍の高さとなる。

新中国の建国と朝鮮戦争

1949年10月、毛沢東は北京の天安門広場に集まった人民を前に中華人民共和国の発足を高らかに宣言したが、そのわずか9か月後の1950年6月、朝鮮戦争が勃発した。戦争開始前に中国を訪問した北朝鮮の指導者金日成に対し、北朝鮮による朝鮮半島南部への侵攻を中国が援助すると約束していたため、中国は金日成からの部隊派遣要請を受け同年10月に「中国人民志願軍(抗美援朝義勇軍)」を派遣した。戦況は一進一退が続き、1951年の初め頃にはこう着状態に陥った。このこう着状態を脱却するため、北朝鮮および中国人民志願軍と戦っていた国連軍総司令官であるダグラス・

マッカーサーは、中国本土の空爆や原爆の使用を米国大統領のトルーマンに進言した。戦線が中国に拡大することによってソ連を刺激し、結果として第三次世界大戦となる可能性を恐れたトルーマン大統領は、1951年4月にマッカーサーを解任した。その後、休戦協定により停戦を行うための協議が進められ、1953年7月に38度線近辺の板門店で北朝鮮、中国軍両軍と国連軍の間で休戦協定が結ばれ、3年間続いた戦争は休戦となった。この戦争による中国軍の人的損害は戦死者数十万人といわれるほど多大で、毛沢東の長男である毛岸英も戦死した。

両弾一星

朝鮮戦争中に、マッカーサー国連軍総司令官が核兵器の使用をトルーマン大統領に進言したことを、毛沢東は非常に深刻に受け止めた。さらに、米国が最初に原子爆弾を開発・使用した後、ソ連が1949年に、英国が1952年に核実験を成功させており、第二次世界大戦の戦勝国が次々と核兵器国となっていた。このため、毛沢東は中国の安全保障には核抑止力が重要であり、また中国が第二次大戦の戦勝国としての立場を強化していくためにも核兵器の開発は不可欠であると考えるに至った。

毛沢東は1955年頃、核兵器とそれに関連するミサイルを含めた戦略兵器の開発を関係者に命じたとされ、この政策がいわゆる「両弾一星」政策であり、両弾とは水爆を含む核兵器および弾道ミサイルを指し、一星とは人工衛星を指すといわれている。毛沢東の指示は国務院や人民解放軍の首脳に重く受け止められ、政府・軍一体となって両弾一星政策が推し進められたが、その全体指揮を執ったのが国務院副総理兼国家科学技術委員会主任で、かつ国防科学技術委員会主任であった聂荣臻といわれており、彼は人民解放軍十大元帥の一人である。

ソ連からの援助とその中断

1950年2月に締結された中ソ友好同盟相互援助条約により、1950年代の中ソ関係は比較的良好であり、中国は両弾一星実現のためソ連からの援助を最大限に活用した。ミサイル開発においてそれが特に顕著であり、ソ連は中国への技術提供に協力的であった。1957年10月に、中国はソ連と中ソ防衛技術協定を結んでミサイル開発を進め、ソ連から供与されたR－2ミサイルをリバースエンジニアリングして複製することにより、1960年に初めてのミサイルを打ち上げた。このミサイルは、「東風1号（DF－1）」と名付けられたが、射程距離が短く運搬能力も原子爆弾を搭載するには小さすぎたため、新たなミサイルの開発に着手した。1956年にフルシチョフがスターリン批判を開始すると、毛沢東はソ連から徐々に距離を置き始め、友好的であった中ソ関係は対立状態となり、1960年にはソ連の技術的援助はなくなった。

中国の宇宙開発の父銭学森と蒋英夫人

両弾一星政策は、開始当初はロシアの技術を導入することが中心であったが、併せて自力での開発も進められた。その中心となったのが、1956年に国防部の中に設置された第五研究所（現在の中国運載火箭技術研究院、第10章参照）であり、この研究所の初代所長に就任したのが米国から帰国した宇宙工学者の銭学森博士である。銭学森博士は、中国の宇宙開発の父、ロケット開発の父と呼ばれている。

銭学森博士は、孫文の指導により清朝が倒れた辛亥革命の年である1911年に、上海で生まれた。父親の銭均夫は、現在の浙江大学の前身である求是書院を経て、1904年に魯迅らとともに日本に留学し、筑波大学の前身である東京高等師範学校に入学した。同校で教育学を学び1908年に卒業し、1910年に中国に帰国して孫文の主導する革命運動に身を投じた。

銭学森博士は、北京師範大学附属中学を経て、1929年に交通大学上海学校の機械学科に入り、1934年に卒業した。その後銭博士は、清華大学が募集していた公費米国留学生試験に合格し、1935年にマサチューセッツ工科大学（MIT）の航空学科に入学した。一年後に同大学から修士号を取得し、今度はカルフォルニア工科大学（Caltech）に移り、1943年にCaltech准教授、1949年に教授となった。1949年10月の新中国建国の報を聞いた銭博士は家族で帰国しようとしたところ、マッカーシー上院議員をリーダーとする赤狩り運動に巻き込まれた。銭博士は、軍事機密研究にかかわるとの理由で研究室への入室証明書を取り消され、帰国のために乗船しようと港に到着したところ、スパイ容疑で米国海軍に拘束された。Caltech当局が巨額の保証金を支払ったことにより銭博士は2週間後に釈放されたが、その後は研究も思いどおりにできず、一種の軟禁状態になっ

米国からの帰国船内での銭博士、蒋英夫人と二人の子供たち（1955 年）
ⓒ百度

た。

1954年4月、米国・ソ連・英国・フランスなどが参加して朝鮮問題・インドシナ問題に関する国際会議がジュネーブで開催され、中国からは周恩来国務院総理らが参加した。周総理はこの機会を捉えて、銭博士を含む米国で拘束されている中国人研究者らの釈放交渉を事務方に指示した。ジュネーブ会議の際には合意に達しなかったが、その後粘り強く交渉が続けられ、翌1955年に朝鮮戦争で捕虜とした米空軍のパイロット11名を釈放することで米側と合意した。銭博士は妻と幼い息子と娘を同行して汽船に乗り込み、同年10月に漸く祖国に帰った。

米国の軟禁生活でも苦楽をともにした蒋英夫人は声楽家であり、日本人の母を持つハーフである。蒋英夫人の父は蒋百里で、清朝末期の英才として1901年日本陸軍士官学校に留学し、帰国後、保定陸軍士官学校校長などを務めている。蒋百里校長が病気となった際、日本の領事館から看護婦として派遣されたのが、後に妻となる佐藤屋子（中国名は蒋左梅）である。1919年生まれの蒋英夫人はこの夫婦の三女であり、1936年に父に従って欧州のイタリア、オーストリアなどをめぐり、1937年にベルリン音楽大学に入学、1941年に卒業した。第二次大戦終了後の1947年に上海で挙式し、以降米国に住んだ。数年間の軟禁生活を夫とともに過ごし、中国に帰国した後は、中央音楽学院声楽科の教授として活躍した。

両弾一星の完成

1955年以降中国は、銭博士率いる国防部第五研究所などを中心として、ミサイル開発や原子爆弾の開発を独力で進め、1964年10月、新疆ウイグル自治区のロプノールで初の核実験に成功した。さらに同月には核弾頭を装備した東風2号Aミサイルが酒泉衛星発射センターより打ち上げられ、20キロトンの核弾頭が新疆ウイグル自治区ロプノール上空で爆発した。これによって、両弾一星の両弾の部分（核兵器とミサイル）の開発に成功した。

続いて目指したのは、両弾一星の一星、つまり人工衛星の開発である。人類初の人工衛星は1957年にソ連が打ち上げたスプートニク1号であり、4か月後には米国陸軍によりエクスプローラー1号が打ち上げられた。さらに1965年フランスがアルジェリアのアマギール射場からアステリックスの打ち上げに成功し、日本も東京大学宇宙航空研究所が４回の失敗の後１９７０年２月に鹿児島県内之浦の射場から「おおすみ」の打ち上げに成功した。

中国は、ソ連からの技術をベースとして独自開発を加えたミサイル技術を発展させ、１９７０年４月に長征1号ロケットにより、東方紅1号の打ち上げに成功した。これはソ連、米国、フランス、日本に次いで世界で５番目の人工衛星打ち上げ国であり、これにより両弾一星は完成した。

長征ロケットと各種人工衛星の開発

長征1号ロケットによる東方紅1号衛星の打ち上げ成功により、中国の宇宙開発関係者の士気が高まり、１９７０年代には軍事的な目的だけではなく、民生用の宇宙利用を目指した努力が続けられた。とりわけ文化大革命が終了した１９７６年以降は、長征ロケットの開発がシリーズ的に進められ、民生利用のための人工衛星の開発と打ち上げが活発化し、海外の衛星も打ち上げるようになった。また、ロケットの発射場の整備も進められ、西昌衛星発射センターや太原衛星発射センターが整備されていった。人工衛星の民生利用としては通信目的が最も重要であり、１９８４年に通信技術の試験衛星である東方紅2号の打ち上げに成功し、続いて静止通信衛星の開発・打ち上げにも成功している。また地球観測衛星の分野でも、気象観測、大気観測、海洋観測、陸域観測等の衛星の開発・打ち上げに成功している。さらに、米国のGPS衛星群に対抗して、中国独自の航行測位衛星群である「北斗」開発を２０００年以降進めている。これらについては、次章以降で詳しく述べたい。

有人宇宙飛行計画「神舟」

中国が、有人宇宙飛行に向けて動き出したのは、1976年の文革終了後である。1986年に策定されたハイテク科学技術開発の国家計画である「863計画」の中で、有人宇宙飛行が取り上げられ、以降人民解放軍が中心となり関係部局の協力を受けて検討が行われてきた。

1992年4月に、中国独自の有人宇宙計画がスタートした。1999年11月、中国建国50周年に合わせて、神舟1号の打ち上げに成功し、その後2号から4号まで無人での実験計画を着実にこなした後、本書の序章にあるように2003年10月15日、宇宙飛行士楊利偉を乗せた神舟5号を打ち上げ、中国は世界で3番目に有人宇宙飛行打ち上げに成功した国となった。その後、2018年6月までに神舟6号から11号まで6回の実験が積み重ねられ、2011年に無人の宇宙ステーション実証機天宮1号とのドッキング実験のため無人で打ち上げられた神舟8号以外は、有人で打ち上げられた。これまでに11名の宇宙飛行士が誕生しており、そのうち2名が女性である。

独自の宇宙ステーション「天宮」の建設へ

中国は、かつての米国スカイラブ計画、ソ連サリュート計画と同様に、中国独自の宇宙ステーション「天宮」の保有を目指している。宇宙ステーションの建設・運用のためには、大型打ち上げロケットの開発、宇宙船同士のランデブー・ドッキング技術、長期運用可能な生命維持システム、そして物資の補給船といった技術が不可欠である。

２０１１年９月、初の宇宙ステーション実験機「天宮1号」が、ドッキング技術の習得を目的として打ち上げられた。続いて、２０１６年９月に「天宮2号」が宇宙実験室のひな形として打ち上げに成功した。さらに、２０１７年４月には、無人補給船「天舟」の打ち上げにも成功している。

これとは別に、宇宙ステーション建設に不可欠な大型ロケット「長征５号」の開発を進め、２０１６年にはその初号機の打ち上げに成功している。

中国は、これらの技術と経験の蓄積を踏まえ、今後、米、ロ、日、欧などで運用中の国際宇宙ステーションより相当小さいが、旧ソ連のミールに匹敵するサイズの宇宙ステーション「天宮」を建設する予定である。現在の構想では、コアモジュール「天和」および２つの実験モジュール「問天」と「巡天」から構成され、地上との間で有人宇宙船「神舟」と無人補給船「天舟」が往き来することになっている。

月探査などの宇宙科学への挑戦

中国の宇宙開発は、初期の軍事用の開発から始まり、以降通信、気象、地球観測などの民生的な目的でも進められてきた。その一方、宇宙探査などの科学的な目的の開発は、欧米やソ連（現ロシア）、日本などと比較して遅れている面が多かったが、近年大きく変化しつつある。

中国は、２００７年10月に月探査機「嫦娥1号」を打ち上げ、11月に月周回軌道に投入し月面の観測を実施した。２０１０年10月に「嫦娥2号」を打ち上げ、さらに２０１３年12月に「嫦娥３号」を打ち上げた。３号は、月周回機である1号、２号と違い、月面に着陸することを目的としたものであり、12月には軟着陸に成功し、米国、ソ連に次ぐ国となった。無人探査車「玉兎」も月面に降ろされ、走行実験が行われた。嫦娥計画は今後も続けられ、月の裏側への無人探査車着陸などの試みを経て、月面有人探査も検討している。

中国では、このほかにも宇宙空間を用いた最先端の科学実験も行われている。特に、中国が世界最先端を誇る量子通信に関し、地上での実験を踏まえて宇宙と地上での実験を行うため、２０１６年に量子通信衛星「墨子」を打ち上げている。

打ち上げの失敗

中国においても宇宙開発がすべてで順調であったわけではない。１９９５年1月に西昌衛星発射センターから打ち上げられた長征２E型ロケットは、打ち上げ直後に爆発し、複数の市民が死亡したといわれている。また、１９９６年2月には、やはり西昌衛星発射センターから打ち上げられた長征3号Bロケットは、ロケットが突然進路から大きく外れ、打ち上げから22秒後に発射台から約2キロメートル離れた山村に突っ込み、民家が破壊され複数の市民が死亡したといわれている。ただしその後のロケット打ち上げは順調であり、２００９年にロケット3段目の不具合で人工衛星が所定の軌道に投入できなかった事故が発生するまで、中国のロケットは75回連続して打ち上げに成功している。

このような事故が発生する原因は、中国のロケット打ち上げ射場が安全保障的な観点から海岸近くではなく内陸部に立地していることにある。しかし安全保障の環境が変化したため、中国でも南部海南島の海岸線に位置する文昌航天発射場が建設可能となり、2016年から運用が始まっている。したがって、この文昌発射場の運用が本格化すれば、近隣住民を巻き込む恐れは大幅に低減すると考えられる。

衛星破壊実験

中国は2007年1月、弾道ミサイルを転用した固体ロケットを用い、同国の老朽化した気象衛星（風雲1号C型）をターゲットとして、衛星破壊攻撃（ASAT）の実験を行った。ロケットは西昌宇宙センターから打ち上げられ、ターゲット衛星を破壊した。米国、ソ連とも、過去には同様の実験を行っていたが、スペースデブリの危険性が認知されるようになって以降、20年以上この種の破壊実験を行っていなかった。この実験により多数のデブリが発生したため、有人宇宙開発の新たな懸念となる可能性があるとして、欧米諸国から中国に対し抗議がなされた。この抗議を受けて中国は、デブリが発生する実験を自粛し、低高度でデブリが発生しない形での実験や、衛星を破壊せずに無力化する実験などに注力しているといわれている。

2章

宇宙輸送システム

本章では、地上と宇宙をつなぐロケット、打ち上げ射場、追跡管制などからなる宇宙輸送システムについて述べる。

1　ロケット開発の歴史

(1) ロケットの原理と種類

ロケットとは、その先端部に人工衛星などを搭載し宇宙空間に投入する手段をいう。ロケットは、搭載されているエンジンの内部で高温高圧のガスを作り出し、これを後部に噴射することによって推進力を得る。どのような材料で高温高圧のガスを作りエンジンを作動させるかにより、ロケットの種類がいくつかに分類される。具体的には、宇宙用ロケットに現在一番多く用いられている化学ロケット、人工衛星の推進装置など使われている電気ロケット、実用化されておらず構想段階にある原子力ロケットの3種類である。

最も一般的な化学ロケットは燃焼（酸化反応）によるエネルギーを利用するもので、燃料物質と酸化剤を推進剤としてロケットに搭載し、推進剤をエンジンで燃焼させて高温高圧のガスにして噴射する。この推進剤の形態から、固体燃料ロケット、液体燃料ロケット、ハイブリッドロケットに分類される。

固体燃料ロケットは、火薬と酸化剤を混合させて飛翔体に塗ったもので、保管管理が容易なこと、構造が簡単な割に安価で大推力が得られることなどにより古くから使われており、現在でも常に発射可能な状態で保管しておかなければならない軍事用途や、大推力を求められる大型ロケットの1段目や補助推力用（ブースターと呼ばれる）に広く使用されている。固体燃料ロケットのエンジンをモーターと呼ぶこともある。

液体燃料ロケットは、液体の燃料と酸化剤を用いるロケットで、推進力の制御が容易で再点火することも可能であるが、燃焼するための装置であるエンジンの構造が複雑で高価になる。初期にはヒドラジンと酸化剤、ケロシンと液体酸素などが用いられたが、最近はより高い推進力が得られる液体水素と液体酸素の組み合わせが各国の基幹ロケットの主流となっている。ハイブリッドロケットは、固体の燃料と液体の酸化剤が用いられる。

なお、兵器であるミサイルは古くから開発されてきた飛び道具的な兵器を指し、近代兵器としては目標に向かって飛ぶための誘導装置を有する兵器を指す。ミサイルの推進装置としてロケットのエンジンがよく使われることから、通常はミサイルを開発するためにロケット・エンジンの開発を行い、それを民生用の宇宙開発に転用していくのがこれまでの歴史である。

(2) 人工衛星などの軌道

ロケットにより打ち上げられる物体のほとんどは人工衛星である。ロケットの性能を比較するためには、搭載できる人工衛星などの重量やその軌道などが重要である。ここでは、人工衛星の原理や軌道に関して簡単に述べ、用途別の人工衛星や共通の衛星バスなどについては、次章以降で詳しく述べる。

人工衛星とは、具体的な利用の目的を持つ人工的な天体の総称である。地球では、ある物体をロケットに載せて毎秒約7・9キロメートル（この速度を第一宇宙速度と呼ぶ）にまで加速すると、物体の遠心力と地球の引力がつり合い、地球を周回することになる。太陽や、月、火星などの惑星の近傍で活躍する人工衛星もあるが、ほとんどの人工衛星は地球を周回する軌道に存在している。さらに、第一宇宙速度を超えて毎秒約11・2キロメートル（第二宇宙速度）にまで加速すると、物体は地球の引力から完全に逃れ、地球周回軌道から外れて地球から遠ざかることになる。こういったものは宇宙探査機とも呼ばれ、一般の人工衛星と区別されることもある。

人工衛星が地球を幾度となく周回するためには、その人工衛星と地球の中心を含む一つの平面の中で動く必要があり、この平面は「軌道面」と呼ばれる。地球の中心を含まない軌道面では、地球を周回することはできない。

地球からの高度や軌道面の違いで、低軌道、静止軌道、極軌道などいくつかの軌道があり、人工衛星がこれらのどの軌道を利用するかによって、ロケットの種類や打ち上げの際の発射角度などが変わってくる。以下に、比較的頻繁に用いられる軌道を紹介する。

①低軌道とは、高度2千キロメートル以下で地球を周回する軌道である。宇宙から様々な観測を

行う人工衛星はこの低軌道で周回するものが多い。また、国際宇宙ステーションもこの軌道に存在する。2千キロメートル以上で次に述べる静止軌道の高度までは、中期道と呼ばれる。

②静止軌道とは、赤道上空の高度3万5千786キロメートルの円軌道をいう。この軌道にある人工衛星は、地球の自転と同じ周期で地球を周回するため、地上からは上空のある一点に静止しているかのように見えることから名付けられた。放送衛星・通信衛星・気象衛星などといった宇宙利用の重要な目的に適している。

なお、静止軌道に関連する軌道に静止トランスファー軌道がある。この軌道は、地上から打ち上げられた人工衛星を静止軌道に投入する前に一時的に投入される軌道であり、通常よく利用されるのは地球から最も遠い地点が静止軌道の高度で近い地点が低高度の楕円形をした軌道（長楕円軌道）である。

③極軌道とは、地球の極（南極、北極）の上空やその付近を通る軌道で、赤道面に対して人工衛星の軌道面が90度に近い軌道である。極軌道は、地図作成や地球観測衛星、偵察衛星、気象衛星などでよく用いられ、地球上の広い範囲の地点を常に上空から次々と観測するとともに、地球上のある地点を常に同じ角度では観測しないという特徴を有する。

（3）原型は中国発の発明

ミサイルやロケットの原型となる兵器の発明や開発は、中国でなされたというのが定説となっている。羅針盤、印刷術、紙と並び、中国の4大発明として火薬が挙げられる。火薬は、8~9世紀の唐の時代に誕生し、宋代に実用化された。紀元1000年頃の宋代に今のロケット花火に近い武器が発明され、13世紀前半の宋とモンゴルの戦いで宋側が使用し、宋が敗れたことによりモンゴル（後の元）側にその技術が渡った。日本が元に攻められた13世紀後半の元寇の戦いで、鎌倉幕府の兵たちは火薬を用いた兵器に初めて遭遇した。この元軍の火薬を用いたロケット花火に近い兵器「てつはう」が、ミサイルやロケットの原型である。

（4）近代におけるロケットの開発

本格的なロケットの研究開発は、19世紀後半から20世紀になってからである。

ロシア人のツィオルコフスキーは、ロケットの速度と質量の関係、液体酸素と液体水素を使ったエンジンや多段式ロケットの設計等、ロケット工学に関する数多くのアイディアを発表した。1903年に発表した『反作用利用装置による宇宙探検』の中で、ロケットによる宇宙飛行の原理を著し、宇宙ロケットの礎を築いた人物とされる。米国のゴダードは、1926年に世界初の液体ロケットを打ち上げた。実用的な液体ロケットの開発は、ドイツのフォン・ブラウンのV－2ロケットの開発が初めてであり、第二次大戦中にロンドンの爆撃などに使用された。

　第二次世界大戦後、フォン・ブラウンらドイツのロケット技術者は米国へ移住し、ソ連もドイツの科学者やロケット実物・資料などを接収したことにより、ドイツで培われたロケット技術は戦勝国の米ソ両国へ引き継がれた。初めに宇宙開発で成果を挙げたのがソ連であり、コリョリョフの指揮の下、1948年にドイツのV－2を基礎に弾道ミサイルR－1（射程300キロメートル）、1950年に射程600キロメートルのR－2、1957年には大陸間弾道ミサイルR－7の開発に成功した。さらにソ連は、1957年10月、R－7ミサイルを宇宙用ロケットに転化させて世界初の人工衛星となるスプートニク1号を打ち上げた。

1957年のスプートニク打ち上げ時は米国とソ連が厳しく対峙した冷戦時代であり、ソ連が世界初の人工衛星を打ち上げたことで米国内にスプートニク・ショックが起き、米国も本格的な宇宙開発を始める。1958年10月米国はNASAを設立したが、1961年4月にはガガーリンがボストーク1号により世界初の有人宇宙飛行を達成したため、翌5月、ケネディ大統領は1960年代のうちに月に米国人を送り込むアポロ計画の実施を宣言した。このアポロ計画の実施によりロケットの性能が格段に向上し、1969年にはサターンV型ロケットで打ち上げられたアポロ11号により人類が世界で初めて月に到達した。

アポロ計画以後は、米ソデタントや世論の注目の薄れなどから米ソ間の宇宙開発競争は緩やかになっていき、またフランスなどの欧州、日本、中国、インドなどが宇宙開発に参入してきた。宇宙開発にはロケットが必須であり、以降各国とも知恵を絞って優れたロケットの開発を進めてきた。ロケットは、打ち上げる物体やその物体の軌道などにより、小型のものから超大型のものまで多くの種類がある。以下に、1957年のスプートニク打ち上げから現在までのロケット開発で、画期的と考えられる事例をいくつか紹介する。

(5) サターンV型ロケット

これまでのロケット開発史上で最も打ち上げ能力が高いとされているのが、1967年から1973年にかけて米国のアポロ計画などに使用されたサターンV型ロケットである。ロケットの全長は110・6メートル、直径10メートル、総重量2千721トンという巨大なもので、低軌道に118トンの物質を打ち上げる能力を持つ。3段式の液体燃料ロケットで、燃料は第1段がケロシン、第2・3段は液体水素で、酸化剤はいずれも液体酸素である。ちなみに現役の大型ロケットと比較すると、米国スペースX社のファルコンヘビーが最大のロケットであり、全長70メートル、直径3・66メートル、総重量1千421トン、低軌道への打ち上げ能力63・8トンである。

サターンV型ロケットは、1968年に有人で月を周回したアポロ8号、1969年に史上初の月面着陸を成功させたアポロ11号、1970年に悲劇的な事故にもかかわらず飛行士が無事に地球に帰還できたアポロ13号、1972年にアポロ計画の最後のミッションとなったアポロ17号などで用いられ、すべてで打ち上げに成功している。しかしサターンV型ロケットは、アポロ計画終了後の1973年のスカイラブ打ち上げに1度だけ使用されたものの、多額なコストを要したため以後使用されていない。

（6）ESAによるアリアンロケット開発

戦後欧州においては、フランス、英国、ドイツ、イタリアなどで独自に宇宙開発を行っていたが、米ソの熾烈な競争に対抗できないため欧州共同による宇宙開発を目指すこととし、打ち上げロケットのアリアン計画をスタートさせるとともに、1975年に欧州宇宙機関（European Space Agency：ESA）を設立した。ESAは最初のアリアン1の開発と打ち上げを1979年12月に成功させ、以後、アリアン2、アリアン3、アリアン4、アリアン5と大型化したロケットを次々と開発してきた。打ち上げは、フランス、ドイツ、イタリアなど欧州12か国の53社が出資して1980年に設立されたアリアンスペースが実施している。打ち上げ基地は、フランス領ギアナに設けられたクールー宇宙センターであり、北緯5度と赤道に近く静止軌道に打ち上げを行うには極めて適した場所である。

ESAは、アリアンの開発だけではなく、種々の人工衛星の開発や衛星を用いた科学探査などのプロジェクトを進めている。本部はパリにあり、2千人を超えるスタッフがいる。

（7）スペースシャトル

アポロ計画終了後、米国が開発した再使用をコンセプトとする宇宙輸送システムがスペースシャトルである。スペースシャトルは、有人宇宙船と打ち上げロケットの機能を併せ持っており、軌道船、外部燃料タンク、固体燃料補助ロケットの3つの部分によって構成されている。このシステム全体をスペースシャトルと呼ぶのが正式であるが、軌道船のみをスペースシャトルと呼ぶこともある。打ち上げ時には軌道船のエンジンと補助ロケットの出力により上昇し、その後外部燃料タンクと補助ロケットは切り離され軌道船のみが地球周回軌道に到達する。補助ロケットはパラシュートで海に落下し、回収船で回収されて整備した後、推進剤を再充填して再利用された。

軌道船には5名から7名の宇宙飛行士を搭乗させることができ、また低軌道に24・4トンの物資を運搬することが可能であった。初飛行は1981年であるが、2度の事故に見舞われ、コストの高騰などもあって、2011年7月の135回目の飛行をもって退役した。主な使用目的は、数々の人工衛星や宇宙探査機の打ち上げ、宇宙空間における科学実験、国際宇宙ステーション（ISS）の建設などであった。日本の毛利衛飛行士や向井千秋飛行士などもこのシャトルに搭乗して宇宙に向かったし、ISSの日本の実験棟「きぼう」も3分割された後、このシャトルで打ち上げられ、宇宙軌道上で組み立てられた。

(8) スペースX

ロケット開発における近年のトピックスは、イーロン・マスク氏率いるスペースX社によるファルコン9ロケットの開発であろう。打ち上げ費用の徹底的な低コスト化を目指して開発が進められ、2010年6月に初打ち上げが行われて成功している。現在のところ、ファルコン9は使い捨て型ロケットであるが、さらなるコスト削減のためにロケットを再使用することを考慮している。回収を意図した機体は姿勢制御用のフィンや着陸脚を備えており、2017年からは回収した機体が再使用されている。

さらにスペースX社は、ファルコン9の発展型として、ファルコンヘビーロケットの開発を行っており、2018年2月に初めて打ち上げに成功している。ファルコンヘビーの打ち上げ能力はアポロ計画で使われたサターンVロケットの約半分に達するものであり、将来的には米国の火星探査計画への貢献が期待されている。

2 中国のロケット

(1)「長征」シリーズ

すでに見たように、毛沢東主導の両弾一星政策により1964年10月、核弾頭を装備した東風2号Aミサイルが酒泉衛星発射センターより発射され、さらに1970年2月に長征1号ロケットにより人工衛星東方紅1号の打ち上げが成功した。これらミサイル開発や宇宙開発を指導したのが、第1章で紹介した銭学森博士である。中国は1956年10月、両弾一星政策の実施機関として国防部に第5研究所（現中国運載火箭技術研究院、第10章参照）を設立した。銭博士は同研究所の所長となり、それ以降一貫して中国の宇宙開発を指導することとなる。

東方紅1号の打ち上げ成功を受け、中国は長征ロケットの開発をシリーズ的に進め、現在の宇宙

表1　運用中の長征ロケット・シリーズ

系列	型式	性能	射場	運用開始	大きさ
長征２号	2C	低軌道 2.4 トン	酒泉	1982 年	小型
		長楕円軌道 1 トン	西昌	2003 年	
		極軌道 1.5 トン	太原	1997 年	
	2D	低軌道 3.7 トン	酒泉	1992 年	中型
	2F	低軌道 8.8 トン	酒泉	1999 年	大型
長征３号	3A	静止トランスファー軌道 2.6 トン	西昌	1994 年	大型
	3B	静止トランスファー軌道 5.2 トン	西昌	1997 年	大型
	3C	静止トランスファー軌道 3.8 トン	西昌	2008 年	大型
長征４号	4B	極軌道 2.2 トン	太原	1999 年	中型
	4C	極軌道 2.8 トン	太原	2006 年	中型

（出典）各種資料に基づき筆者作成

開発の基礎を築いていった。２０１８年8月現在、実用的に運用されている長征ロケットは2号、３号、４号であり、今後主力ロケットとしてシリーズ化されようとしているロケットが5号、６号、７号、11号、さらに現在開発中のロケットが８号と9号である。長征ロケット・シリーズの開発、製造を行っている機関は、中国運載火箭技術研究院（旧国防部第5研究所）である。

なお長征とは、１９３４年から３６年にかけて中国共産党の本拠地のあった江西省瑞金から陝西省延安までの1万2千５００キロメートルを、毛沢東率いる中国共産党軍が中国国民党軍と交戦しながら徒歩で続けた移動をいう。この長征を通じて毛沢東の中国共産党に対する指導権が確立し新中国形成に至る歴史的転換点となったとして、長征は栄光ある事業と位置付けられており、中国の宇宙ロケットのシリーズはこの故事に由来して命名されたものである。

現在実用に供されている長征ロケットのシリーズを見てみよう。表1にその概要を示す。それぞれに派生型を有するが、

表２　運用を開始しつつある長征ロケット・シリーズ

系列	型式	性能	射場	大きさ
長征５号	5	静止トランスファー軌道 13 トン	文昌	超大型
	5B	低軌道 23 トン	文昌	超大型
長征６号	6	極軌道 1.1 トン	太原	小型
長征７号	7	低軌道 10 トン	文昌	大型
長征 11 号	11	極軌道 0.4 トン	酒泉	小型

（出典）各種資料に基づき筆者作成

アルファベットの飛んでいるところは、すでに運用を終了しているか、欠番となっているものである。

次に研究開発段階を終了し、運用を開始しつつある長征シリーズを表２に示す。２０１８年現在は、長征シリーズのちょうど端境期であり、長征５号、６号、７号、11号のテスト機となる初号機の打ち上げをそれぞれ２０１６年、２０１５年、２０１６年、２０１５年に成功させている。そして、このうちの長征６号、７号、11号はすでに２０１７年12月現在で２号機の打ち上げにも成功している。一方長征５号は２０１７年７月の打ち上げに失敗したため、現在原因の究明中であり、打ち上げが再開されるのは２０１９年以降という観測がある。

なおこの長征シリーズとは別に、中国は小型ロケットとして「快舟」、「開拓者」というロケットのシリーズの開発も行っているが、ここでは詳細は省略する。

(2) 将来計画

現在開発中のシリーズに長征8号があり、商業打ち上げサービスを担うもので、低軌道7・6トン、極軌道4・5トン、静止トランスファー軌道2・5トンの能力を想定している。現在の計画では、2020年頃に初号機を打ち上げることとしている。

さらに現在開発中のシリーズに長征9号がある。これは、中国ロケット開発史上最大のものとなる予定であり、直径で10メートル、全長100メートルに達する。低軌道140トンの打ち上げ能力を期待している。米国がアポロ計画用に開発したサターンV型ロケットを超える性能を目指している。現在の計画では、2028年頃に初号機を発射する予定である。これが開発されると、中国は月への有人飛行・着陸を目指すことになる。

3 打ち上げ射場

(1) 選定条件

ロケットの打ち上げ射場の設置場所については、いくつかの条件がある。例えば日本の場合には、「宇宙航空研究開発機構（JAXA）」の『種子島宇宙センターの概要』によると、宇宙センターの建設場所の選定にあたっての考慮条件は以下のとおりとしている。

①南・東向けの発射に対して陸上、海上、航空の安全に支障がないこと
②日本領内でできるだけ赤道に近いこと
③沿岸漁業者との干渉ができるだけ少ないこと
④必要な用地面積が早期に入手でき、かつ土地造成が容易なこと
⑤通信、電力、水源が確保できること
⑥できるだけ交通が便利で、人員、資材、機材の輸送がしやすいこと
⑦人口の密集した地帯からなるべく遠いこと

(2) 各国の打ち上げ射場

宇宙開発を実施している国にとって、ロケットの打ち上げ場は不可欠な施設であり、ほとんどの国は複数の打ち上げ場を整備・運用している。

米国で最も有名な打ち上げ場は、南部フロリダ州にあるケネディ宇宙センターであり、種々の衛星の打ち上げに用いられており、かつてはスペースシャトルもここから打ち上げられ、着陸していた。そのほかに、カリフォルニア州のヴァンデンバーグ空軍基地やフロリダ州のケープカナベラル空軍基地などを有している。

ロシアは、国内に、カプスチン・ヤール射場、プレセーツク射場、スヴォボドヌイ射場、ボストーチヌイ宇宙基地などを有しているが、最も有名なものはカザフスタン共和国内にあるバイコヌール宇

図１　中国の打ち上げ射場および着陸場の位置

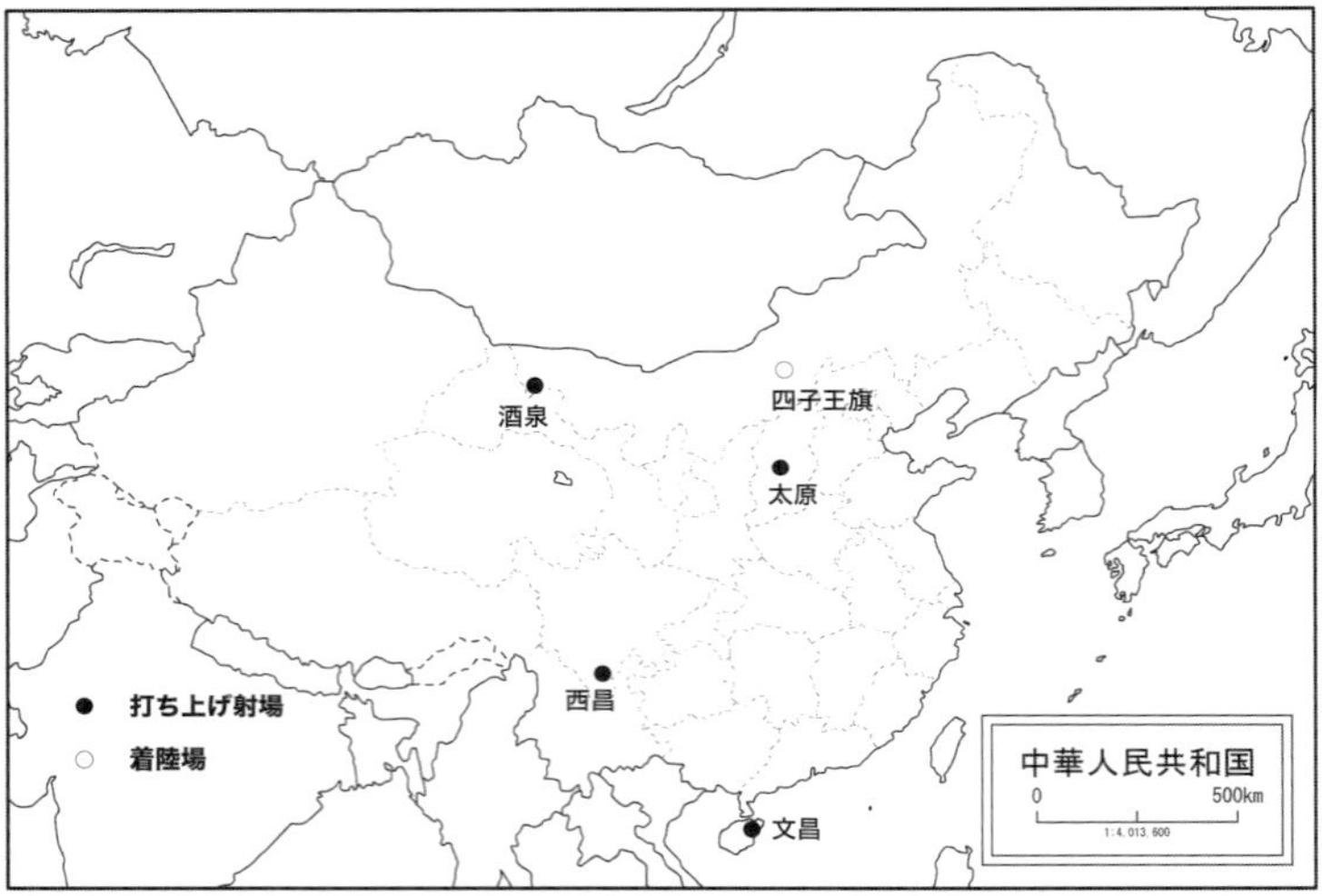

（出典）各種資料に基づき筆者作成

宙基地である。元々は旧ソ連が建設した基地であるが、ソ連の解体に伴って施設の敷地はカザフスタン共和国所有となっている。ロシアは、このバイコヌール基地に関してカザフスタン共和国とリース契約を結んで運用している。

欧州は、南米のフランス領ギアナにあるギアナ宇宙センターからアリアンロケットを打ち上げている。日本は、前述した種子島宇宙センターに加え、本州の南端に位置する内之浦宇宙空間観測所を有している。

４　中国の打ち上げ射場と着陸場

（１）地理的な位置

中国の打ち上げ射場と着陸場の選定では、日本の種子島と同様の条件を考慮するだけではなく、安全保障上の観点も重要であったと想定される。元々軍事的な目的から宇宙開発が進められ、さらに東西冷戦や中ソ対立などの影響を受けて、中国大陸の湾岸部ではなく内陸部に分散して設置された。2018年時点で、運用中の打ち上げ射場は4地点、宇宙船などの着陸場が1地点あり、その地理的な位置は前ページの図1のとおりである。

これらの射場や着陸場を所管し運用しているのは、人民解放軍戦略支援部隊傘下の航天系統部である。元々は中央軍事委員会直属であった総装備部が所管していたが、2016年の人民解放軍の再編に伴い、新たに設置された戦略支援部隊に移管された。戦略支援部隊や航天系統部については、第10章を参照されたい。

(2) 酒泉衛星発射センター

酒泉衛星発射センターは、中国初のロケット発射場としてソ連の技術的支援により1958年に設置された。このセンターは名称に酒泉とあるが、正式な所在地は内モンゴル自治区アルシャ盟エジナ旗である。したがって、酒泉市や酒泉市のある甘粛省に立地しているわけではないが、同センターに最も近い都市が酒泉市であるところから、このように命名された。海抜約1千メートルの平地にあり、センター全体の面積は約2千800平方キロメートルと広大で、東京都全体の約2千200平方キロメートルより少し広い。砂漠性気候に属し晴天に恵まれることが多く、地形は平坦で周囲に人家はほとんどない。このためロケット打ち上げには好条件とされ、年間約300日は打ち上げが可能であるとされている。

1970年に長征1号の最初の打ち上げを行って以来、低軌道へのロケット打ち上げを行う射場となった。さらに、有人飛行のための宇宙船打ち上げもここで行われている。

酒泉市は張液市、武威市などとともに、シルクロードの一部である河西回廊に位置している。市の中央に鐘楼があり、その近くの公園に酒泉市の地名の由来である泉がある。紀元前の漢の時代、西域での匈奴の侵略に手を焼いた武帝が、武将衛青を車騎将軍に任命して匈奴征伐を命じた。霍去病はこの衛青将軍の甥であり、騎射に優れ18歳で衛青将軍に従って匈奴征伐に赴いている。その後も何度も匈奴征伐を行い、匈奴の本拠地を撃破するなどの功績を挙げた。霍去病が匈奴を打ち負かしたことを聞いた漢の武帝は、その功績を称えるため10樽の酒を彼に贈った。20万人いたといわれる兵士全員で武帝からの酒を分かち合うため、霍去病は酒を泉に注ぎ込んだ。すると泉の水全体が濃厚な酒の香を放ち、その美酒はいくら飲んでも尽きることなく湧き続けたという。これにちなんで、泉のあった地が「酒の泉＝酒泉」と呼ばれるようになった。

(3) 太原衛星発射センター

太原衛星発射センターは、山西省太原市から北西に約280キロメートル離れた黄土高原にあり、海抜1千500メートルから2千メートルの高地である。射場の三方は山に囲まれ、西は黄河に面している。気候は寒冷な大陸性気候で、空気は乾燥して雨も少なく、ロケット発射に適した気候である。

太原衛星発射センターは、酒泉衛星発射センターに次ぎ中国で2番目に建設運用されたロケット発射場で、1966年3月に着工し、1968年に運用を開始している。酒泉の場合にはソ連の支援を得て建設されたが、太原はその後の中ソ対立の影響を受けて中国独力で建設された。中ソ対立時代の軍事施設は、ソ連の脅威を避けるため深い山の中に分散して建設されたが、宇宙開発・ミサイル開発においても同様の配慮から、太原のように山中に発射センターが建設された。

太原衛星発射センターは、緯度が北緯38度50分と北寄りのため、静止軌道衛星の打ち上げには向いておらず、南北に長い盆地であるという地理的位置を生かして専ら南北方向へ極軌道衛星を打ち上げるのに利用されている。具体的には、長征ロケットにより試験衛星や応用衛星（気象衛星や地球資源衛星、科学衛星）などの人工衛星が打ち上げられている。国産初の気象衛星「風雲」シリーズや、中伯地球資源衛星（CBERS）シリーズなどが代表的なものである。

また大陸間弾道ミサイル（ICBM）や潜水艦発射弾道ミサイル（SLBM）の実験も行われている。さらに、酒泉衛星発射センターなど他のセンターからのロケット打ち上げ時の追跡業務も担っている。

（4）西昌衛星発射センター

西昌衛星発射センターは、中国大陸西部の四川省西昌市から北西に約60キロメートル離れた峡谷にあり、海抜約1千500メートルと高地にある。1984年に運用が開始された。北緯28度14分に位置し、後述する海南島の中国文昌航天発射場を除けば、これまで運用が行われてきた発射センターでは最も赤道に近い位置にあるため、静止軌道衛星の打ち上げを主体として運用されている。中高度の地球周回軌道衛星、月探査機、長楕円軌道の科学衛星なども打ち上げられている。

供用開始以来、順調に運用されてきたが、1995年1月に打ち上げられた長征2E型ロケットは打ち上げ直後に爆発し、打ち上げは失敗に終わった。また、1996年2月に打ち上げられた長征3号Bロケットは、ロケットが突然進路から大きく外れ、打ち上げから22秒後に発射台から約2キロメートル離れた山村に突っ込み、民家が破壊され複数の市民が死亡したといわれている。同年7月に打ち上げが再開され、その後の打ち上げは比較的順調に進められている。

この西昌衛星発射センターに限らず、酒泉など内陸部にある発射センターからのロケット打ち上げでは1段ロケットの残骸が必然的に内陸部に落下するため、打ち上げ時は落下予想区域内の近傍村人たちは一時的に避難させられているが、次に述べる中国文昌航天発射場の運用が今後本格化すると、この問題は解決することになる。

(5) 中国文昌航天発射場

中国文昌航天発射場は、南シナ海に面した海南島の北東の海岸に位置する中国第4の発射場で、4つの発射場のうち最も南にあり、また中国初となる海岸沿いの発射場である。組織的には、西昌衛星発射センターの下部組織に位置付けられている。

宇宙開発の比較的早い時期の1970年代に、緯度の低い海南島にロケット発射基地を造る構想

表3　各国の主力打ち上げ射場の緯度

国名	打ち上げ射場名	緯度
中国	中国文昌航天発射場	北緯19度37分
中国	西昌衛星発射センター	北緯28度14分
米国	ケネディ宇宙センター	北緯28度36分
ロシア	バイコヌール宇宙基地	北緯45度36分
フランス（欧州）	ギアナ宇宙センター	北緯5度14分
日本	種子島宇宙センター	北緯30度24分
インド	サティシュ・ダワン宇宙センター	北緯13度9分

（出典）各種資料に基づき筆者作成

は何度も立てられた。しかし当時は冷戦中であり、海岸沿いは敵により偵察・攻撃・占領されやすいことが問題となり見送られた。その後冷戦が終了した１９９４年から、比較的小型の弾道ロケットの観測所や試験発射場が建設されてきたが、２００７年に国務院と中央軍事委員会は新しい衛星発射場を海南島の文昌に建設することを認可した。２００９年に着工し、２０１４年10月に竣工した。そして２０１６年６月に、長征７型ロケットの打ち上げをもって運用を開始している。

中国文昌航天発射場は、他の３つの衛星発射センターにはない特長を有している。まず地理上の位置として北緯19度という中国領内でも低緯度の場所にあるため、地球の自転による遠心力がより大きく、ロケットへの積載重量はこれまでの西昌衛星発射センターよりも10パーセント以上大きくでき、衛星の寿命も2年は伸びる。参考までに中国と宇宙開発主要国の打ち上げ射場の緯度を比較した表を掲載する（表3）。

また、ロケットの発射方向となる東側に海があるため、打ち上げ時に切り離すブースターや打ち上げ失敗時の残骸の落下などによる被害を少なくできる。さらに海に面しているため、船舶でのロケットや衛星の輸送が可能となった。既存の3つの衛星発射センターは鉄道輸送を前提としており、鉄道車両の限界により輸送物体は直径約3・5メートルに制約されていた。一方、今後中国の主力ロケットに期待されている長征5号は直径5メートルであり、船舶での輸送が前提となる。これらの特長から、中国文昌航天発射場は今後の主力ロケット発射基地となる可能性が高い。

(6) 四子王旗着陸場

ロケットの打ち上げ基地ではないが、中国は有人宇宙船「神舟」の着陸場を、内モンゴル自治区のフフホト市の北方約80キロメートルに位置する四子王旗に設置している。着陸場の機能的な要求条件としては、広さが十分あること、平坦であるか傾斜が小さいこと、立ち木が少ないこと、民家がないこと、アクセスが容易であることなどがある。世界における着陸場として有名な場所は、米国のケープケネディ、ロシアのバイコヌール（カザフスタン内）がある。日本は有人飛行を行っていないため、このような着陸場は有していない。

地名にある四子王とは、チンギス・ハーンの弟ジョチ・カサルの子孫で、17世紀初頭に活躍した四兄弟を指す。彼らは、満州族率いる清による明の征服戦争に参加し、1649年にその功績により清から王の位を授けられ、一族とともに移り住んだところがこの地で、四子王の町という意味で四子王旗と呼ばれるようになった。近年、この四子王の由来に基づき中心的な町である烏蘭花(ウランファ)に像が設置されている。

実際に宇宙船が着陸する場所は、この烏蘭花の北約60キロメートルにあるホンゴルのアムグラン草原であり、2つの集落の間には宇宙船回収用に建設された道路がある。

5　打ち上げ後の追跡管制

ロケットを射場から打ち上げると、ロケットの飛行のコントロール、ロケットからの人工衛星の切り離し、人工衛星の飛行のコントロールなどの作業を経て、人工衛星が所定の軌道に投入される。この一連の作業を追跡管制と呼んでいる。追跡管制の初期段階は打ち上げられた射場で行われるが、地球が丸いため一定の時間が経過すると追跡管制のための電波が射場からは届かなくなる。そこで各国ともメインの追跡管制センターを有しており、初期段階以降の追跡管制は、このメインのセンターとセンターにつながっているいくつかの基地局とのやりとりを通じて総合的に追跡管制が行われる。ロケットの打ち上げ管制を行う場合、打ち上げ射場周辺の地上局をアップレンジ局、それ以外の地上局をダウンレンジ局と呼ぶ。人工衛星が軌道に投入された後も、衛星のミッションを達成するために追跡管制は続けられる。

人工衛星などの追跡管制業務を担当している中国の組織は、ロケット打ち上げ射場と同様、人民解放軍戦略支援部隊傘下の航天系統部である。

中国西安衛星測控センター内部　Ⓒ百度

(1) 中国西安衛星測控センター

中国のロケット打ち上げは、すでに述べた酒泉、太原、西昌、文昌の4つの衛星発射センターで行われるが、それぞれの衛星発射センターでの初期の追跡管制が終了すると、陝西省西安市にある「中国西安衛星測控センター」にその業務が引き継がれる。「測控」とは、観測し制御するという意味であり、追跡管制と同義である。中国は、人工衛星管制に必要な地上局を国内および海外に有している。国内では渭南（陝西省）、長春（吉林省）、青島（山東省）、沾益（雲南省）、厦門（福建省）などに、海外ではカラチ（パキスタン）、タラワ（キリバス）、マリンディ（ケニヤ）、スワコプムント（ナミビア）などにダウンレンジ地上局がある。これらの地上局に加え、後述するダウンレンジ船とデータ中継衛星により、数多くの人工衛星の追跡管制を実施している。

中国西安衛星測控センターは、1967年に西

ダウンレンジ船「遠望6号」　ⓒ百度

安市の東60キロメートルに位置する陝西省渭南市に設置されたが、1987年に現在の西安市に移された。

(2) 北京航天飛行控制センター

前記の中国西安衛星測控センターは、人工衛星全般についての打ち上げ後の追跡管制の業務を担っているが、有人宇宙飛行についての追跡管制は北京にある「北京航天飛行控制センター」で実施される。「控制」は、制御、コントロールという意味である。このセンターは、月探査のための嫦娥計画のミッションも担当している。

(3) 中国衛星海上測控部

中国は、国内外に地上の管制施設を有しているが、このほかに海上での衛星追跡管制のため、ダウンレンジ船「遠望」を有しており、その業務を管轄しているのが「中国衛星海上測控部」である。1977年以降「遠望」シリーズで7隻の船が建造されて運用されたが、このうち2隻が退

表４　各国の打ち上げ数、失敗数、成功率（1957 年〜 2017 年 12 月末）

打ち上げ国	中国	米国	ロシア	欧州	日本
打ち上げ数	270	1,659	3,257	281	107
打ち上げ失敗数	16	144	210	13	8
成功率（%）	94.1	91.3	93.9	95.4	92.5

（出典）各種資料に基づき辻野輝久氏作成

役している。

（４）データ中継衛星「天鏈」

地球を周回する人工衛星や宇宙船と地上との通信を地上局で行う場合、交信可能なのは衛星などを地上局から可視できる時間のみである。そこで常時監視を可能とするため、静止軌道上に衛星を配置し、その衛星を経由してデータをやり取りすることが行われている。この静止軌道に置かれる衛星をデータ中継衛星と呼ぶ。中国は、２００８年から現在までに、独自のデータ中継衛星「天鏈」を４機打ち上げている。ちなみに、データ中継衛星は、宇宙開発主要国の米国、ロシア、ＥＳＡ、日本も所有している。

６　国際的な比較

（１）打ち上げ数および信頼性

中国のロケット、ロケット打ち上げ基地、追跡管制を中心とした宇宙輸送システムの技術力評価に入る前に、各国のロケット打ち上げの実績を見る。表４は１９５７年のスプートニク打ち上げから２０１７年12月末まで、各国

表5　各国の打ち上げ数、失敗数、成功率（2008年1月～2017年12月末）

打ち上げ国	中国	米国	ロシア	欧州	日本
打ち上げ数	160	194	302	74	32
打ち上げ失敗数	6	5	18	0	0
成功率（%）	96.3	97.4	94.0	100.0	100.0

（出典）各種資料に基づき辻野輝久氏作成

がどの程度ロケットを打ち上げ、どの程度失敗したかを示したものである。打ち上げ数では米国とロシア（旧ソ連を含む）が圧倒的であり、欧州、中国、日本が続いている。一方、これらの成功率を見るとそれほど差がないが、中国は善戦しており欧州に次いで世界第2位となっている。

各国ともロケットの改良改善に努力しており、表4ではすでに退役しているロケットにより打ち上げられたものも含まれている。そこで、現在運用中のロケットの信頼性を見るためには、もう少し近い時期での実績を考慮する必要がある。表5は、直近の10年間である2008年1月から2017年12月末までの打ち上げ数、失敗数、成功率を示している。この表を見ると、中国は欧州や日本をはるかに凌駕する打ち上げ数を誇っており、米国やロシアと並ぶ宇宙大国になったと考えられる。成功率についていえば、欧州と日本はこの期間すべての打ち上げに成功しているが、打ち上げ数がそれほど多くない。中国は、ロシア、米国に続いて多く打ち上げているが、その中で成功率が米国に次いでいる。

表６　各国の大型ロケットの性能

打ち上げ国	ロケット名	静止トランスファー軌道投入能力（トン）	低軌道投入能力（トン）
中国	長征 3B	5.5	11.5
米国	デルタ４ヘビー	10.1	28.8
ロシア	プロトンＭ	6.6	22.3
欧州	アリアン 5ECA	10.5	20.0
日本	H-ⅡB	6.0	16.5

（出典）『世界の宇宙技術力比較（2015 年度）』を基に作成

(2) 評価のまとめ

宇宙輸送システム技術を個々の要素に分けて、それぞれを評価したのが、ＪＳＴのＣＲＤＳが２０１６年５月に公表した報告書『世界の宇宙技術力比較（２０１５年度）』（以下「ＪＳＴ報告書」と略す）である。ここでは、打ち上げ数および信頼性、ロケット最大性能、衛星搭載環境、推進装置の性能、打ち上げ運用性、有人打ち上げ技術の６つの要素に分解して評価している。この中で興味深い要素としてロケットの最大性能を見ると、ＪＳＴ報告書では表６にある各国の主力大型ロケットで評価している。

それ以外の要素に関する評価は技術的な内容が中心となるので省略し、結果だけを示すと次ページの表7となる。米国、ロシア、欧州、中国、日本の順となっている。なお評価の詳細は、ＪＳＴ／ＣＲＤＳのＷｅｂサイトを参照されたい。

中国の宇宙輸送システムの２０１５年時点の技術評価はそれほど高くない。これは、長征シリーズにおける大型ロケットの打ち上げ能力が、米国、ロシア、欧州などに劣っていたことが主な理由である。

表7　宇宙輸送システム　評価結果（2015年版）

評価項目	満点	中国	米国	ロシア	欧州	日本
打ち上げ数および信頼性	10	9	9	8	10	8
ロケット最大性能	10	4	9.5	6.5	10	5.5
衛星搭載環境	10	6	10	9	9	6
推進装置の性能	10	7.5	9.5	7.5	9	8.5
打ち上げ運用性	10	7	8	10	9	8
有人打ち上げ技術	10	10	8	10	0	0
合計	60	43.5	54	51.5	47	36

（出典）『世界の宇宙技術力比較（2015年度）』を基に作成

しかし、このＪＳＴ報告書の評価時点後の２０１６年に、中国は長征５号ロケットの初号機の打ち上げを成功させている。長征５号は公称で静止トランスファー軌道へ13トンの投入能力を有するといわれている。長征５号は、前述のように２０１７年７月の２号機打ち上げに失敗していて現在原因究明中であるが、これが運用されると世界トップクラスとなる可能性を秘めている。また、やはりＪＳＴ報告書の評価時点後の２０１６年に、中国文昌航天発射場が運用を開始しており、打ち上げの運用性は上記の評価より高まっている。したがって、２０１８年時点での宇宙輸送システムでの中国の技術力は、米国、ロシア、欧州に、より接近していると想定される。

3章
人工衛星バス技術

本章から、人工衛星とその応用について見たい。人工衛星を用いて行われる業務として、通信、放送、航行測位、気象観測、地球観測、科学観測などがあるが、これらを総称してミッションと呼んでいる。一つひとつの人工衛星は、基本的な機能を有する「衛星バス」と、通信機器、センサ、観測装置などの「ミッション機器」により構成されている。本章では、このうちの衛星バスについて中国の現状と技術力について述べる。

1　衛星バスの構成要素

人工衛星では、ミッションが違っても、衛星に搭載されている機器を動かすための電力系や、衛星の位置を変化させるための推進系などは共通の場合が多い。そこで、衛星を製造する際、これらの共通的な機器を毎回新規に開発せずに実績のあるものを利用することにより、信頼性を向上させ、製造費用を安くし、製造期間も短縮できることから、基本的な機能を有する共通の衛星バスが用いられている。

もちろん、人工衛星のミッションは多岐にわたるため、すべてのミッションに共通的に用いられる単一の衛星バスはないが、例えば静止軌道上で活躍する通信衛星などは共通の衛星バスが用いられている場合が多い。現在では衛星バスは、小型衛星、中型衛星、大型衛星用にそれぞれシリーズ化されており、ミッションに応じて選ぶことができるようになっている。以下に衛星バスの主な構成要素を見る。

（1） 構体

構体とは衛星バスの本体であり、これに通信機器、太陽電池、バッテリー、推進装置、姿勢制御装置など、衛星バスとしての機能を発揮する機器が取り付けられる。また、衛星のミッションに応じたミッション機器も、この構体に取り付けられる。衛星は、打ち上げ時やロケットからの分離時などに大きな振動や衝撃を受けるため、搭載している機器への負担を軽減するように材料を選んだり、形状を設計したりする必要がある。材料としては、アルミ合金などの金属材料や複合材料がメインで用いられる場合が多く、強度が必要な所にはステンレス、チタンなどが使用される。

（2） 電力システム系

ミッション機器を含む種々の機器を作動させるためには、電力が必要となる。通常人工衛星は、羽の形をした太陽電池パドルを有しており、衛星が太陽にさらされている時は発電を行ってバッテリーを充電し、衛星が地球の影などに隠れていて発電できない時はバッテリーから放電している。

（3） 姿勢制御系

地球上の軌道を回る衛星は、アンテナを地球に向けたり、観測機器をその対象となる方向に正しく向けたり、また太陽電池パネルを太陽に向けたりなど、その姿勢を常に保つ必要がある。しかし、重力、地磁気、太陽風などによる影響を受けて、衛星の姿勢は乱れるため、衛星の姿勢を制御して安定させる必要がある。このシステムが姿勢制御系で、スピン安定方式や3軸安定方式などが用いられている。

(4) 推進系

人工衛星が打ち上げられ所定の軌道に投入された場合であっても、例えば地球上の特定のところを観測したい時などに軌道を変えたい場合が出てくる。また、静止軌道の場合であっても、運用しているうちに太陽風や地球の重力場が一様でないことなどのため、徐々に軌道を外れてくる場合がある。このような場合に備えて、衛星バス上に小さなエンジンと燃料を備えており、これを推進系と呼ぶ。通常は、ヒドラジンと酸化剤を推進剤とするエンジンが使用される。このエンジンは、静止衛星が寿命を全うした際に残骸が貴重な静止軌道を占有することがないよう、最後に軌道高度を上昇させるためにも使用する。周回衛星が地球に落下する際に、安全な突入軌道にするためにも使用する。また、静止衛星の場合、静止トランスファー軌道から静止軌道に軌道変更するためのアポジ・エンジンを搭載しているが、それも推進系であり、残った燃料を用いて軌道変更に用いられる場合もある。

(5) コマンド・データ処理系

衛星バスには、衛星の動作状況を地上に送信する機能、軌道を測定し地上とやりとりする機能、搭載されている機器の電源のオンオフなどの指令の受信機能が必要となるが、これらの機能を有するのがコマンド・データ処理系である。

(6) 熱制御系

宇宙空間において、衛星は太陽の直接照射による超高温から地球の影などの絶対零度に近い低温までの過酷な環境にさらされるが、真空である宇宙空間では輻射による廃熱しかできない。そのため、搭載した機器が良好に動作するためには、動作温度に収まるよう、断熱材、ラジエータ、ヒーターなどを組み合わせた熱制御系を設計し、予め衛星バスに搭載している。

2 中国の衛星バスの種類

中国では、主として静止通信衛星用に用いられる衛星バスがシリーズで開発されてきた。その最初は、東方紅2型と呼ばれる衛星バスで、1984年に打ち上げられた通信実験衛星の東方紅2号2に用いられた。その後、1997年には東方紅3型と呼ばれる衛星バスを用いた衛星が打ち上げられた。ちなみに中国語では、衛星バスのことを「衛星平台」と呼んでいる。平台はプラットフォームという意味である。

(1) 静止通信衛星バス　東方紅4型

現在の中国での静止通信衛星バスの主力は、東方紅4型である。製造は、後述する中国航天科技集団有限公司（ＣＡＳＣ）の傘下にある中国空間技術研究院（ＣＡＳＴ）が担当している。２００１年に開発プログラムがスタートし、２００６年、２００７年にこの衛星バスを用いた衛星が打ち上げられたが、太陽電池パドルの不具合でいずれも失敗し、３度目の２００８年10月打ち上げのベネズエラから受注した静止通信衛星で漸く成功した。以降、２０１６年1月までに、このバスを用いて合計14個の衛星が打ち上げられている。

東方紅４型（増強型）の仕様としては、打ち上げ時重量が6トン、最大電力が13・5キロワット、設計寿命15年となっている。

（2）開発中の東方紅5型

将来のより大型の静止通信衛星バスとして、中国は現在東方紅5型の開発を進めている。開発は、東方紅４型と同様、中国空間技術研究院（ＣＡＳＴ）が担当している。仕様としては、打ち上げ時重量が10トン、最大電力が18キロワット、設計寿命は12～15年となっている。２０１８年にも、この東方紅５型衛星バスを採用した通信衛星が打ち上げられる予定である。

（3）その他の衛星バス

中国では、標準的に用いられる衛星バスの系統が、上記の静止通信衛星の東方紅シリーズに加え、「実践」、「資源」、「北斗」の３つの系統の衛星バスが用いられている。

「実践」衛星バスは科学衛星と技術試験衛星にシリーズに、「資源」衛星バスは農業、林業、水利、鉱物、エネルギー、測量、環境保護など地球観測衛星シリーズに、「北斗」衛星バスは航行測位衛星シリーズに、それぞれ用いられている。

3　国際的な比較

(1) 各国の静止衛星用の標準衛星バス

各国の代表的な静止衛星用標準バスを列記すると、次のとおりである。

【米　国】ロッキード・マーチン社のA2100A系バス
ボーイング社のBSS702系バス
スペースシステムズ／ロラール社のLS1300系バス
オービタル・サイエンシズ社のGeostar-1/-2バス
【欧　州】エアバス社のEurostar-3000系バス
ターレス・アレニア・スペース社のSpacebus-4000系バス
【ロシア】ISSレシェトネフ社のEkspress-2000型バス
【日　本】三菱電機(株)のDS-2000型バス
【中　国】中国空間技術研究院(CAST)の東方紅4型バス

表8　人工衛星バス　評価結果（2015年版）

評価項目	満点	中国	米国	ロシア	欧州	日本
静止衛星用標準バス	10	5	10	6	9	6
衛星バスのラインアップ	10	6	10	8	10	8
部品、要素技術、搭載コンポーネント等	10	3	10	3	10	6
衛星バスの信頼度	5	3	5	2	5	5
合計	35	17	35	19	34	25

（出典）『世界の宇宙技術力比較（2015年度）』を基に作成

人工衛星バス技術においては、米国と欧州が圧倒的である。これは、前記の米国や欧州の民間企業が切磋琢磨しながら自国のみならず他国に対しても活発な売り込みと受注を続けており、これに日本の三菱電機などが必死に食い込もうとしている状況を反映している。この米、欧、日に比較すると、ロシア、中国は他国の市場獲得において少し後手に回っている感が否めない。

衛星バスに搭載される部品、要素技術、コンポーネント等の技術力も重要である。集積回路・太陽電池パネル・バッテリーなど、個々のコンポーネントや部品については、各国の製品が混在して使用されていることに留意する必要があるが、優れた衛星バスメーカを有する米国や欧州が優れている。日本は、通信機器、太陽電池パドル、リチウムイオン電池などの部品製造に優れ、国際市場でも活躍している。

（2）評価のまとめ

ＪＳＴ報告書では、静止衛星用標準バス、衛星バスのラインアップ、部品・要素技術・搭載コンポーネント等、衛星バスの信頼度の４つの要素に分解して評価している。結果は表８のとおりである。

米国と欧州が強く、部品等の技術力で日本が上位にきている。ロシアと中国は低い評価となっているる。ただ今後、中国は一帯一路などの政策の後押しによる海外衛星受注や、現在開発中の高性能な東方紅5型バスの実用化が進めば、米欧に追いついてくると考えられる。

4章
通信放送

人工衛星の打ち上げによる宇宙の利用が開始されて以来、最も活用されている分野が放送を含む通信分野である。これは、宇宙に打ち上げられた人工衛星のコントロールが、電波を用いて行われることと密接に関係している。通信も放送も、元々電波により顧客や家庭に届けられるものであり、より遠くへ届けるために宇宙を利用しようとするのが、衛星を用いた通信放送技術である。

1　衛星通信放送の歴史

映画『2001年宇宙の旅』の原作者で英国のSF作家であるアーサー・C・クラークは、1945年に「静止通信衛星を3機、120度間隔に並べて世界通信網を作製する」というアイディアを発表した。1957年にソ連がスプートニク1号の打ち上げに成功したことにより、クラークのアイディアは一気に実用化に近づくことになる。

1958年12月、米国はアイゼンハワー大統領のクリスマスメッセージの入った録音テープを載せたスコア衛星を打ち上げ、宇宙から短波によりメッセージを発信することに成功した。人工衛星を用いた宇宙からの放送の幕開けである。スコア衛星の場合には、予め衛星上に搭載されていたテープを地上の指令により宇宙から発信したものであり、地上から宇宙へ、そしてまた地上へという経路を取っていなかった。1960年8月、米国は金属製の反射板を有するエコー衛星を打ち上げ、地上と宇宙の間で電波の反射を利用した電話、伝送実験に成功した。ただ、この反射板では電波の増幅機能を有していないため、地上送り出し側の電波の強度を大きくする必要があり、実用的ではなかった。

そこで開発を急がれたのが、衛星に搭載し宇宙で利用できるトランスポンダー（中継器）である。トランスポンダーというのは、地上からの微弱な電波を衛星上で受信し、電波の強度を増幅して異なった周波数で再び地上に向けて送信する機器である。トランスポンダーを載せた最初の衛星テルスター1号は米国ベル研究所によって開発され、1962年7月に打ち上げられた。これにより、テレビや電話の大西洋横断中継実験が成功し、米国、英国、フランスの間で実験が繰り返された。

続いて同年12月に打ち上げられたのは、NASAが開発したリレー1号である。日本は米国と衛星通信の実験に関する取り決めを結び、翌1963年11月にリレー1号による第1回日米間衛星通信テレビ伝送実験を実施した。この実験放送中にケネディ大統領がテキサス州ダラスで暗殺されたニュースがテレビ放映され、その映像は当時のテレビ視聴者に強い印象を与えた。

テルスター衛星やリレー衛星は、地球を周回する衛星であったため、送信側と受信側の2地点から同時に衛星が見える時間が短く、その時間帯も毎日変わっていくことが実用上大きな問題であった。これらの問題を解決するために開発されたのが静止通信衛星である。赤道上空の高度約3万5千786キロメートルの円軌道に置かれる衛星で、地球の自転周期と同じ周期で地球を周回するため地上からは上空のある一点に静止しているかのように見える。1964年8月に、米国NASAはシンコム3号を打ち上げ、太平洋の日付変更線上に静止させた。この衛星により、同年10月に開催された東京オリンピックのテレビ画像が、米国およびカナダに生中継された。

国際的に静止衛星を共有し通信や放送の業務に利用するため、1964年8月にインテルサット

（INTELSAT：国際電気通信衛星機構）が設立され、翌年4月にインテルサット1号（アーリーバード）が打ち上げられ、大西洋上に静止した。日本もインテルサットに参加していたが、1967年1月に打ち上げられ太平洋上に静止したインテルサット2号（ラニバード）を用いて商業利用を本格化させた。

当初衛星通信は、米国と欧州、米国とアジアという大陸間通信から始まったが、衛星の性能向上と低コスト化などに伴って、次第に国内での通信にも利用されるようになっていく。ソ連では、1965年4月にモルニャ1号を打ち上げ、通信衛星を用いた国内通信を開始した。この衛星は長楕円軌道で静止衛星ではないが、同一軌道に3〜4つの衛星を打ち上げ切り替えていくことで24時間の通信を行った。以後、カナダは1972年11月国内通信衛星アニクを、米国は1974年4月にウェスターを、それぞれ米国から打ち上げ、利用を開始した。

2　通信衛星の種類

通信衛星とは、マイクロ波による無線通信を目的として宇宙空間に置かれる衛星の総称であるが、特定の用途に用いられるものは別途の名称を持っていることがあり、代表的なものが放送衛星で衛星放送専用に設計・製作された人工衛星である。日本ではNHKが放送衛星の開発運用を先導的に行ってきており、1978年ゆり1号での実験を経て、1984年に打ち上げられたゆり2号aにより、世界初の直接受信衛星放送に成功した。現在も、NHKと民放でBSAT衛星シリーズを打ち上げ、運用している。なお日本には、通常の静止通信衛星を用いたテレビ放送も行われており、こちらはCS放送といわれている。

インターネット衛星も通信衛星の一種であるが、衛星内部にルーターを搭載することによってインターネットに接続が可能である。また、すでに第3章の追跡管制のところで見たように人工衛星を24時間コントロールするためには、地球の裏側にも電波を届ける必要があり、そのために用いられる通信衛星がデータ中継衛星である。

3 中国の通信衛星開発

中国では、1984年に通信技術試験衛星である東方紅2号の打ち上げに成功しているが、静止通信衛星開発は比較的遅く、1998年に西昌衛星発射センターから打ち上げられたSINOSAT1号が最初である。この衛星は中国で初めての大型静止通信衛星であったが、この時点では中国国内に設計製造能力は無く、フランスで設計製造された衛星であった。後続のSINOSAT2号では、国産の東方紅4型バスを用いた国産の衛星となり、2006年10月に打ち上げられたが、アンテナと太陽電池パネルの展開に失敗し、使用不能となった。このため、SINOSAT3号では、一つ前の衛星バスである東方紅3型を用い、2007年3月に打ち上げられ、無事に東経125度の位置に静止した。東方紅4型衛星バスを用いた静止衛星については、2008年10月打ち上げのベネズエラから受注した静止通信衛星で漸く成功した。

それ以降中国は、国所有、通信会社所有、軍事目的といくつかの用途で、数多くの通信放送衛星を打ち上げており、２０１７年末で61基（うち41基が静止衛星）となっている。

４　衛星通信放送技術の開発

衛星通信放送は商用化が最も進んだ衛星利用分野であり、様々な技術開発が進んでいる。技術開発の主な方向としては、静止衛星のラインアップ拡大（大型化、小型化）、トランスポンダー数の増大、新たな周波数帯域の利用、移動通信向けの大型アンテナ技術、伝送容量の拡大、光通信を含む衛星間通信技術などがある。通信技術は日進月歩であり、開発された技術を宇宙で実証することを目的とする衛星の打ち上げが必要となる。これらに用いられる衛星は技術試験衛星といわれている。

世界の状況を見ると米国の技術開発力が圧倒的である。米国は１９８０年代まで衛星通信に関する最先端技術を常に世界に先駆けて開発しており、技術的に成熟している。欧州ではＥＳＡが先端的な通信技術を開発する一方、多国籍化した欧州の衛星製造企業が連携して大量生産体制を構築し、米国に対抗している。日本は、通信技術試験衛星「かけはし」、データ中継衛星「こだま」、衛星間光通信実験衛星「きらり」、技術試験衛星「きく８号」、超高速インターネット中継衛星「きずな」などを打ち上げ、多くの技術成果を生み出している。

中国は東方紅４型バスで世界水準の通信放送衛星を開発しており、データ中継衛星天鏈1号も開発している。しかし、米国、欧州、日本などと比較すると、中国ではこれら先進地域で開発された技

実験中の潘建偉副学長　©百度

術の習得と実用化が中心であり、いまだに最先端の技術開発が行われているとはいえない状況が続いていた。しかし近年、状況が変化してきており、中国は2016年8月に世界に先駆けて、量子通信の実験を目的に「墨子」という衛星を打ち上げた。量子通信は、量子力学の原理を利用した量子暗号化による通信であり、理論的に根拠が明らかな堅牢な安全性を特徴としている。量子通信の原理は、オーストリアのインスブルック大学Anton Zeilinger教授の着想であるが、そこに留学し量子通信技術の開発に大きく貢献しているのが、中国科学技術大学の潘建偉副学長である。中国政府は、この潘副学長の研究開発を全面的にサポートしており、地上での実験に成功を収めた後、宇宙と地上をつないで実験するために、この墨子衛星を打ち上げたのである。この衛星などを用いた実験が首尾よく成功し、成果を挙げることができれば、ノーベル賞受賞も夢ではないと中国では期待されている。

5　中国の衛星通信放送会社

中国衛星通信集団有限公司（China Satcom）は、中国航天科技集団有限公司（ＣＡＳＣ）傘下の通信放送会社であり、中国本土はもとより、オーストラリア、東南アジア、中東、欧州、アフリカの国々に対し、通信と放送のサービスを提供している。Ｗｅｂサイトから現在運用中の衛星を見ると、中星（China Sat）が５Ａ、５Ｂ、６Ｂ、９、９Ａ、10、11、12、15、16の各号で10機、ＡＰＳＴＡＲが５、６、７、９の各号で４機、合計で14機の通信衛星を運用している。これらの衛星バスのメーカーを見ると、打ち上げの古いものは欧米製のものが多く、近年打ち上げられたものは東方紅４型バスを使用している。欧州のターレス・アレニア社製が５機、米国のロッキード・マーチン社製が１機、スペースシステムズ・ロラール社製が１機、中国の東方紅４型が７機となっている。

香港系の衛星通信企業として、１９８８年創立のアジア衛星通信（AsiaSat）社があり、現在７機の通信衛星を運用し、アジア太平洋地域の通信需要に対応している。

中国にはもう一社、アジア・ブロードキャスト・サテライト（ＡＢＳ）社があり、２００６年に設立された新興の衛星通信企業である。本社は英国領バミューダに登録されており、香港に支社がある。中国だけでなく、フィリピンやベトナムなど東南アジア諸国の顧客を獲得している。さらに欧州にも市場を広げている。現在運用中のＡＢＳ社の衛星は７機である。

これら中国の通信会社が世界的にどの程度の存在感があるかであるが、売上げ世界トップの企業はルクセンブルグとワシントンを本拠地とするインテルサット社、２位もルクセンブルクに本社を置

表９　衛星通信放送　評価結果（2015年版）

評価項目	満点	中国	米国	ロシア	欧州	日本
技術開発	10	1	10	1	9	5
ミッション	5	3	4	2.5	3	3
企業	5	3	4	2	5	2
合計	20	7	18	5.5	17	10

（出典）『世界の宇宙技術力比較（2015年度）』を基に作成

くSES社、3位はフランスに本社を置くユーテルサット社である。上記のChina Satcom社が9位、AsiaSat社が16位、ABS社が19位となっている（いずれも２０１４年時点）。

6　国際的な比較

ＪＳＴ報告書では、技術開発、ミッション、企業の３つの要素で評価しており、その結果が表9である。このうちミッションというのは、どのような分野で衛星通信放送が使われているかを指標とするものであり、テレビ放送、遠隔教育、遠隔医療、移動体通信などの分野で分析している。また企業は、衛星通信放送企業の数と売上高で比較している。

衛星通信放送については米国と欧州が強く、続いて日本、中国、ロシアの順となっている。中国が劣っているのは、技術開発の評価である。中国は、大きな人口と国土を生かし、ミッションや企業で優れているものの、元々の技術では欧米発のものが中心であり、新たな技術開発が進んでいないため、このような結果となっている。ただしすでに述べたように、近年の状況として中国は墨子を打ち上げており、２０１５年時点での評価より技術開発の評価が幾分上昇していると想定される。

5章 航行測位

人工衛星の利用分野として、近年注目されているのが航行測位の分野である。これは、人工衛星を用いて自らの地球上での位置を特定したり、自動車、飛行機、船舶などの航行を手助けしたりするものである。

1　衛星航行測位の歴史

(1) トランシットの開発

1957年、ソ連がスプートニク1号を打ち上げたことに驚愕した米国は、直ちに同衛星の軌道の決定作業を行うこととなった。スプートニク1号からの電波を受信しようとすると、上空のスプートニク1号はだんだん近づいてきて、また遠ざかっていく。この時、受信電波はドップラー効果で周波数がずれるため、この周波数のずれからスプートニク1号の軌道を計算することが可能であった。この軌道特定に関与したジョンズ・ホプキンス大学の応用物理学研究所の専門家は、このドップラー効果のずれを基に、軌道が判っている衛星からの電波を用いて地球上の自分がいる場所が判ると考えた。

当時米海軍は、核ミサイルを搭載した原子力潜水艦を全世界の海に展開する計画を進めており、世界のどこでも自分の居場所がすぐに判る測位システムが必要であったため、ジョンズ・ホプキンス大学のアイディアに飛びつき、世界初の衛星航行測位システム「トランシット」の開発が始まった。

1960年4月に「トランシット1B」の打ち上げに成功し、以後トランシット2～5シリーズで急速に衛星の改良が行われた後に、本格的な衛星測位システムとして、1964～88年にかけて24機打ち上げられた。当初、トランシットは軍事用途のみの利用に限定されていたが、1967年からは民間での利用も認められた。トランシットはまた、科学観測にも利用された。測位精度は、理想的な状態で100メートル程度だった。その後より正確なGPSが開発されたことにより、トランシットは1996年に運用を終了した。

(2) GPSの開発

1960年代前半、米空軍はトランシットと異なる航法衛星システムを研究していた。米空軍の開発目的は、核兵器搭載の戦略爆撃機や陸上から発射する大型の大陸間弾道ミサイル用であった。航空機やミサイルを誘導するためには、移動する自機の位置を継続的かつ迅速に測定できる必要があり、さらに緯度と経度の2次元の位置だけではなく高度を加えた3次元の位置を測定する必要があった。1963年に米空軍は新たなプロジェクトを立ち上げるが、これがGPSを開発していくことになる。GPSの原理は、電波の発射時刻と到達時刻が判ると電波源と受信位置との距離が判るという事実を使うもので、発射時刻と到達時刻の時間差に毎秒30万キロメートルという電波の速度を掛け合わせ、電波源と受信位置の距離を計算するものである。そして軌道が判っている4機の衛星から電波を同時に受信すれば、高度も含めた自分の位置と時刻を計算で知ることができる。ただこの原理により位置情報にたどり着くためには、衛星に搭載している時計が極めて正確でなくてはならず、プロジェクトのスタートした１９６０年代初めには、要求を満たす時計が存在しなかった。そこで高精度の宇宙用の原子時計の開発をまず行い、その開発に成功した米軍は１９６４年に実験衛星の開発に着手し、１９６７年に最初の衛星「タイメーション１」を打ち上げた。その後タイメーション衛星を１９７７年までに合計４機を打ち上げ、軌道上で動作する原子時計と、その時刻情報を使った測位実験を実施した。

このタイメーション衛星を用いた実験を終えて、実用に供するためのシステム構築が検討されたが、ここで大きな課題に遭遇する。地球のどの場所でも継続的に位置情報を得るためには、それぞれの場所で常に４機以上の衛星からの電波を安定的に受信できるようにする必要があり、非常に多くの衛星を必要とするシステムの構築と維持には巨額な費用を要することが予想された。そこで、別々に開発を進めていた空軍と海軍は計画を一本化し、新たな測位衛星計画であるＧＰＳ計画を進めることになった。

ＧＰＳの各衛星は「ナブスター(Navstar)」という名称を持つ。第1世代の衛星「ナブスター・ブロックⅠ」は１９７８年2月から打ち上げが始まり、１９８５年までに10機の衛星を打ち上げた。続いて１９８９年2月から、最初の実用衛星というべき第2世代衛星「ナブスター・ブロックⅡ」の打ち上げが始まった。１９８９年には5機、１９９０年には４機が打ち上げられ、１９９４年には全地球上で常時使用できるようになり、最終的にＧＰＳは24機の衛星からなる大規模なシステムとなった。実際には、故障に備えて6つの軌道にそれぞれ1機以上の予備衛星も配置するので、30機以上もの衛星を擁するシステムであった。

(3) GPSを用いたカーナビの開発

カーナビはカーナビゲーション(Car Navigation)の略語であり、自らが乗っている自動車の位置を知ることと、得られた位置情報を基に目的地への道案内をするのが主な機能である。GPSは元々軍事用に開発されたものであるが、カーナビの急速な普及により、民生用としても社会になくてはならないシステムとなっていった。

カーナビを開発し普及させていったのは、日本の民間企業の努力である。1981年ホンダは、方向センサ、走行距離センサ、マイクロコンピュータなどを組み合わせ、移動方向と移動量を検出して車の位置を計算し、地図シートがセットされたブラウン管に現在位置と自車の方位、走行軌跡を表示することで、ドライバーが進むべき経路の選択を容易にできるようにした。1987年にはトヨタが、デンソーの開発したCD-ROMの電子地図を搭載したモデルを発売した。これらを前例として、マツダがGPSにより位置情報を決定するカーナビを三菱電機と共同で開発し、1990年に発売されたユーノスコスモに搭載した。1991年にはパイオニアが、GPSを用いたカーナビを、車搭載ではない単独販売モデルとして世界で初めて販売開始した。以降、次々と改良が重ねられ、軽量化、大量情報化などが図られていった。

(4) 民生用GPSの精度向上

GPSは元々軍用に開発したものであったため、システム構築当初から衛星が発信するデータには、暗号がかかっているものと、いないものの両方が含まれていた。暗号のかかっているデータは米軍専用であり、誤差は数センチメートルから数十センチメートルといわれている。暗号のかかっていないデータは、故意に精度が落とされているため誤差は数十メートル程度となる。民生用のカーナビはこの暗号のかかっていないデータを利用するが、そのままでは誤差が大きすぎるため、正確な位置の判っている地上の基準局から電波を発信し、これを利用して位置情報の補正を行う技術を用い、誤差を数メートルに縮めていた。

ところが1990年8月、イラクがクウェートに侵攻し、米軍を中心とする多国籍軍がサウジアラビアに展開した。この時にGPSの暗号のかかっていないデータの精度が一時的に上下し、翌1991年3月には元に戻った。この時の教訓として、ロシア、中国などは米国のGPSだけに頼ることの危険性を考慮し、自前のシステム構築に進むことになる。なお2000年5月に、米国は精度を落とす電波の発信を解除し、さらに2007年9月には、次世代のGPS衛星「ナブスター・ブロックⅢ」には精度を落とす電波の発信機能を搭載しないと発表している。

2　各国の航行測位衛星

(1)　米国

米国においては、すでに述べたようにＧＰＳシステムが構築され運用されている。現在、第３世代の「ナブスター・ブロックⅢ」を構築する計画であり、２０１８年から打ち上げが始まり、２０２２年までに10機を打ち上げる予定である。その後、計画的に改良を加え、合計32機で第３世代のシステムが完了することになる。

(2)　GNSSとRNSS

ＧＰＳは米国政府の支配下にあるため、他の国や民間における利用に対して、種々の制限を受けた過去もあり、また将来的にもあり得る。そのため、米国依存からの独立や、自身の利益に適合させる目的で、各国や地域で独自のシステムを構築、運用しようとする動きがある。このうちで、米国のＧＰＳのように地球全体をカバーするシステムを「全地球衛星測位システム（Global Navigation Satellite System：GNSS)」と呼び、また、地球上の特定の地域のみをカバーするシステムを「地域衛星測位システム（Regional Navigation Satellite System：RNSS)」と呼んでいる。米国以外でＧＮＳＳをすでに構築し運用している国としてロシアがあり、これから構築しようとしている国や地域として中国とＥＵがある。また、ＲＮＳＳを構築しようとしている国として、日本とインドがある。

中国は次項で説明することとし、以下にロシア、ＥＵ、日本について記述する。

（3）ロシア

ロシアの衛星測位システムは、「グロナス」と呼ばれている。グロナスは、旧ソ連時代の１９７６年に軍事利用を目的として開発が始められ、最初の衛星は１９８２年10月に打ち上げられている。その後１９９５年には、地上を完全に網羅するＧＮＳＳとして24機体制が完成した。しかし、第一世代のグロナス衛星の寿命は3年程度であったにもかかわらず、経済危機のため１９９９年まで後継衛星を打ち上げることができず、２００２年には稼働している衛星が7機のみとなってしまった。

その後、ロシア経済の回復に伴い、グロナスを再度フル体制とすべく寿命7年の第2世代衛星グロナスMを２００３年10月から打ち上げ、２０１２年までにフル体制の24機の衛星の配置を完了した。米国ＧＰＳの精度は1・8メートルであるが、グロナスの精度は２０１7年で2・8メートルであり、２０２０年には0・6〜0・7メートルまで改善されると想定されている。

（4）ＥＵ

米国のＧＰＳを使用することにより米国に頼ることを嫌ったＥＵは、独自のＧＮＳＳを構築するガリレオ（Galileo）計画を推進している。ガリレオ計画では、高度約2万4千キロメートルの上空に30機の衛星を運用することを予定している。

2005年12月に1機目の試験衛星であるGIOVE-A衛星が打ち上げられ、2008年4月に2機目の試験衛星GIOVE-Bが打ち上げられた。その後、ほぼすべての機能を搭載した軌道上実証衛星IOVが2011~12年にかけて4機打ち上げられ、2014年からは本番のガリレオ衛星FOCの打ち上げが始まっている。FOCは2017年末までに18機が打ち上げられており、今後2018年末までに合計22機が打ち上げられる予定で、すでに軌道上にあるIOV4機を含めて合計26機でサービス提供が開始される予定である。

(5) 日本

日本は、ロシアやEUと違って、日本列島を中心にRNSSによる衛星測位システムを構築することとしている。このシステムは「みちびき（準天頂衛星システム）」と呼ばれており、準天頂軌道の衛星が主体となって構成される。準天頂軌道とは、特定の一地域の上空に長時間留まるように工夫された軌道であり、みちびきの場合には日本列島とオーストラリア大陸との間を8の字を描いて動く軌道である。

衛星測位は最低限4機の人工衛星からのデータにより可能であるが、正確で安定した位置情報を得るためには、より多くの衛星からの情報を得ることが望ましい。一方、米国のGPSシステムだけでは、都市部や山間部ではビルや樹木などに電波が遮られてデータの得られる衛星数が減り、位置情報が安定的に得られないこともある。そこで日本のみちびきのシステムは、独自の準天頂衛星からのデータに加え、米国のＧＰＳとの互換性を持たせることによってＧＰＳのデータを補い、より高精度で安定した衛星測位サービスを実現するものである。

２０１０年９月、準天頂衛星の実用試験機「みちびき」が打ち上げられ、システムの有効性の検証が実施された後、２０１７年に、みちびき２〜４号の３機が打ち上げられた。４機体制では、うち３機はアジア・オセアニア地域の各地点で常時見ることができ、安定した高精度測位が可能となる。日本は今後３機を追加で打ち上げ、２０２３年には計７機体制で運用していくこととしている。

3　中国の航行測位衛星

(1)　中国の航行測位衛星システム〜北斗

中国は、ロシアやＥＵと同様に、地球全体をカバーする測位システムであるＧＮＳＳを構築しつつあり、このシステムを「北斗（BeiDou）」と呼んでいる。北斗は北斗星の略であり、おおぐま座の７つ星を意味する名称として中国の天文学者によって命名されている。古代より北斗星は船などの航行にも用いられており、中国の航行測位システム構築にあたり、この言葉を用いたものである。なお測位システムの北斗は、羅針盤を意味する「COMPASS」という英語名も有している。北斗は、北斗１号、北斗２号、北斗３号の３段階のシステムで、開発、構築、実証がなされている。

（2）北斗1号システム

第1段階は、測位機能、時刻配信機能等の航行測位システムの根幹をなす機能を中国の大陸地域に限定して実証することを目的として、北斗1号システムが開発構築された。2000年10月、12月と2003年5月に、3機の静止衛星が打ち上げられ、実証試験が実施された。この北斗1号システムの3機により、自国の域内を中心とした一部地域ではあったが、中国は米国および旧ソ連（ロシア）に続く世界で3番目の衛星航行測位システムを有する国となった。ただし、測定精度は低く、誤差数十メートルであった。

2008年5月に、マグニチュード8クラスで死者約7万人に達する四川大地震が発生した。中国政府や人民解放軍は、この地震災害救済活動において、北斗1号システムの端末機を救援部隊に携帯させ、災害の救援・復旧に活用している。

（3）北斗2号システム

次のステップとして中国は2004年頃から、米国GPSなどと同様の測位原理を利用した衛星測位システムの開発へと進んだ。これが北斗2号システムの構築である。中国は、北斗2号システムと並行して2003年にEUのガリレオ計画への参加を表明したが、EUがその後2007年に中国との協力を断念し、EU単独での開発を目指すこととなった。ガリレオ計画への参加は中止となったものの、中国は欧州からかなりの技術資料を入手して参考にしたと考えられ、北斗2号システムの測位信号技術はガリレオと類似しているといわれている。

北斗2号システムの衛星打ち上げは２００７年4月に開始され、２０１２年10月までに合計15機の航行測位衛星が打ち上げられて、東経84～１６９度、北緯55～南緯55度のアジア太平洋地域を対象とした地域限定サービスの運用が開始された。衛星の内訳は、５機の中高度衛星、５機の傾斜同期軌道衛星、５機の静止衛星である。

その後、北斗2号システムの補強と、次の北斗3号システム用を兼ねて、２０１５年3月から２０１６年6月まで合計7機の航行測位衛星が打ち上げられている。測位精度は10メートル程度であるが、人民解放軍などが利用する高精度で暗号化した信号も送信している。

(4) 北斗3号システム

第3段階である北斗3号システムは、米国ＧＰＳやロシアのグロナスと同様に、地球全体をカバーするシステムであるＧＮＳＳの構築を目指すものである。この北斗3号システムは、これまでに打ち上げた航行測位衛星を含め合計35機の衛星を打ち上げ、世界中でサービスを提供できるようにする。35機の衛星構成は、５機の静止衛星、27機の中高度衛星、３機の傾斜同期軌道衛星となっており、静止軌道の位置は東経で58・75度、80度、１１０・5度、１４０度、１６０度である。この北斗3号システムが実用に供されると、測位精度が4倍程度向上するといわれている。

北斗2号システム用の航行測位衛星がすでに22機軌道上にあり、これに追加あるいはこれをリプ

表10　航行測位　評価結果（2015年版）

評価項目	満点	中国	米国	ロシア	欧州	日本
システム構築技術	10	8	10	6	8	8
コンステレーション	15	12	15	15	5	3
衛星測位補強技術	4	0.5	4	0.5	4	1.5
合計	29	20.5	29	21.5	17	12.5

（出典）『世界の宇宙技術力比較（2015年度）』を基に作成

レイスすることを目的とした衛星打ち上げが２０１７年11月から開始されている。２０１８年2月現在、６機の衛星が打ち上げられている。

中国は、北斗システムの海外展開に強い意欲を持っており、国内で販売される測位機器に北斗の受信機能を装備することを義務付けている。また、米国クアルコム社やブロードコム社などの大手メーカーも、北斗システムからの信号が受信可能なスマホ用などの測位チップを開発している。このため、北斗システムの恩恵を受けやすい東南アジア諸国を中心にＧＰＳなどと並んで世界的に利用されると想定される。

4　国際的な比較

各国の航行測位技術に関し、システム構築技術、コンステレーション、補強技術の項目で評価した結果を表10に示す。なお、コンステレーションとは多数の衛星を協調作動させるための技術であり、航行測位は24機から30機の衛星からの情報により達成されるサービスであるため、この技術が必要となる。

米国がこれまでのＧＰＳの実績を踏まえて圧倒的な技術力を有しており、ロシアと中国がこれに続いている。欧州もＧＮＳＳを構築しようとしているがその歩みは遅いため評価が低い。日本は地域的なＲＮＳＳ構築に限定されているとともに、まだそのシステムも組み上がっていないため最下位となっている。中国にとっては、北斗システムが完成して運用されるとともに、補強技術がより強化されれば、米国に近づくと想定される。

6章
気象観測

これまで、人工衛星を用いた通信放送や、航行測位を見てきたが、このほかの重要な人工衛星の用途として気象観測や地球観測などがある。気象観測は地球表面の大気の状況を観測しているものであり広い意味での地球観測に入るが、日本でも天気予報などに気象衛星が活躍していることもあり、本章では衛星による気象観測を取り上げ、次章でその他の地球観測を取り上げる。

ただし、ＪＳＴ報告書では気象衛星技術だけでの評価を行っておらず、地球観測の一部としての評価を行っているため、国際的な比較は次章で記す。

1　衛星による気象観測の歴史

(1)　気象衛星とは

人工衛星による気象観測とは、衛星軌道上から広域の気象状況を把握することである。初期の技術として、雲を可視光線用のカメラで撮影することから始まったが、その後赤外線カメラにより雲を夜間に撮影することや、赤外線吸収カメラにより水蒸気を観測すること、マイクロ波散乱計などを用いて海上風や降雨量を測定することなどが追加されてきた。広域観測が可能であり、洋上監視も比較的容易であることから、通常の気象観測のみならず、台風観測に際しては有力な観測手段となっている。

気象衛星は、軌道の違いにより大別して静止衛星と極軌道衛星に分けられる。静止衛星では、常に同じ半球面を対象として可視光線や赤外線のセンサを用いた気象観測を継続して実施することができる。一方、北極と南極の両極を通過する極軌道を周回する衛星では、地球上のあらゆる場所を観測対象にでき、さらに1日に2度、同一の地点を観測できる。また、静止衛星では観測が困難な両極付近の観測を行うことができる。

(2) 米国での開発

世界初の気象衛星は、米国により1960年に打ち上げられたタイロス1号である。タイロス1号は低軌道の地球周回衛星であり、可視光カメラを搭載し撮影写真は電送により地上へ送られた。夜間撮影はできなかったが、各種の有益な観測データをもたらした。タイロスシリーズは、米国NASAと米国大気海洋局(NOAA)が主体となって開発が進められ、その後6年間に打ち上げられた10機の衛星により、様々な観測実験が行われた。1966年には静止気象衛星ATS－1が米国により打ち上げられ、世界で最初の本格的な気象衛星となった。

(3) WMOのネットワーク構想

米国のタイロスシリーズによる気象観測の成功は、世界各国で気象学の発展や天気予報の改善を目指そうという気運を高めることとなり、世界気象機関(WMO)により全世界をカバーする気象衛星観測ネットワーク構想である「世界気象監視計画(World Weather Watch：WWW)」が、1963

年からスタートした。この構想を受け各国が気象衛星を打ち上げ、1980年代初めまでに5機の静止気象衛星と2機の極軌道衛星により地球全体を隈なく覆う観測網が確立された。

(4) 日本の気象衛星ひまわり

日本は、WMOのWWWに参画すべく気象衛星の開発を行った国の一つであり、日本で初めての静止気象衛星となる「ひまわり」は1977年に米国ケープカナベラル空軍基地から打ち上げられた。日本はこのひまわりを用い、1978年からWWWの観測網において、アジア、オセアニアおよび西太平洋地域の観測を担った。

ひまわりシリーズは、現在までに合計9機が打ち上げられ、2014年打ち上げのひまわり8号と、2016年打ち上げのひまわり9号が現在軌道上で運用され、2029年まで継続して気象観測を実施する予定である。

2 中国の気象衛星

中国での気象衛星の開発は、他の衛星利用分野に比較して比較的早く、国務院の中国気象局(CMA)傘下にある国家衛星気象センター(NSMC)が中心となって、文化大革命の終了直後の1977年に開始している。中国の気象観測衛星は「風雲」と呼ばれており、技術発展のステージごとに1~4号までシリーズ化されている。

（1）風雲1号シリーズ

風雲1号シリーズは、中国で最初に開発された気象衛星シリーズである。極軌道の気象観測衛星として1988年から2002年にかけて4機の衛星が打ち上げられ、2012年まで運用された。なお、風雲1号シリーズの3号機で1999年5月に打ち上げられた風雲1号C（FY－1C）は、2004年に機能を終え宇宙軌道上にあったが、2007年1月衛星破壊実験の標的となり、観測可能なものだけで2千841個以上という大量のスペースデブリを発生させた。

（2）風雲2号シリーズ

風雲2号シリーズは、静止軌道による気象衛星である。1997年6月に1機目となる衛星が打ち上げられた後、2014年までに7機が打ち上げられ、うち4機が運用中である。設計寿命は3年である。

（3）風雲3号シリーズ

風雲3号シリーズは、風雲1号シリーズの後継となる極軌道気象衛星である。2008年、2010年、2013年、2017年に合計4機が打ち上げられ、うち3機が運用中である。設計寿命は5年である。

（4）風雲4号シリーズ

風雲4号シリーズは、風雲2号シリーズの後継となる静止気象衛星である。2016年12月に1機目が打ち上げられ、2018年以降5機の打ち上げが計画されている。設計寿命は7年である。

（5）国際貢献

1963年にスタートしたWMOのWWWには当初より日本が参画し、「ひまわり」を用いて1978年以降、アジア、オセアニアおよび西太平洋地域の観測を担っているが、中国も静止衛星や極軌道衛星による風雲システムが構築されたことを受けて、2000年からWMOに対してデータ提供を行っている。具体的に中国は、風雲2号シリーズの2つの静止衛星によりインド洋の東経36度から108度の地域の観測を、インドおよび欧州とともに分担している。また、極軌道についても中国は風雲3号シリーズの衛星を用い、米国、欧州、ロシアとともに観測を分担している。

さらにWMOとは別に、中国はこの風雲シリーズで得られた情報を近隣諸国に積極的に提供しており、具体的にはバングラデシュ、インドネシア、イラン、モンゴル、パキスタン、タイ、ペルー、北朝鮮、キルギスタン、ラオス、マレーシア、ミャンマー、ネパール、フィリピン、スリランカ、タジキスタン、ウズベキスタンなどの国々に衛星データの受信局を無償提供し、利用のための研修も行っている。このような協力は、現在習近平政権が進める一帯一路政策の趣旨にも合致しており、協力国の増加や協力内容の拡大が今後図られていくと考えられる。

7章

地球観測

1　地球観測とリモートセンシング

(1) 地球観測とは

人工衛星の利用として重要な分野に地球観測がある。地球観測とは、電波、可視光、赤外線などの各種センサにより、大気、植生、地形、海洋など地球表面の状態を観測するもので、得られたデータは地図作成、災害状況把握、資源探査、森林監視、気候変動緩和など幅広い目的に利用される。

有史以来人類は、生存に不可欠である大地、大気、海洋の状態を、様々な手段を用いて把握しようとしてきた。一定の地点で継続反復的に観察する定点観測や、観測器を持って歩きながら観測する歩行調査などがあり、これにより地図などが作成されてきた。車両などに観測機器を搭載して測定することも行われたが、このような方法では、広大な地域を観測するためには時間と費用がかかり、また、地形によっては近づけないところもあった。

(2) リモートセンシング

このような原始的な地球観測を大きく変えたのが、リモートセンシング (Remote Sensing) 技術であり、対象から離れて測定する技術である。地上から離れ、気球、ヘリコプター、飛行機などに観測機器を搭載するリモートセンシング技術の開発により、観測範囲などが画期的に拡大した。１９５７年にスプートニク1号が人類初の人工衛星となったことにより、リモートセンシングはさらに大きな進歩を遂げることになる。

最初に米ソによって争われたのが、人工衛星による軍事目的の地球観測である。比較的攻撃を受けにくい宇宙空間から、地上・海上を見下ろして敵部隊や基地などの戦略目標の動きや活動状況・位置を画像情報として入手し、主に戦略計画に役立てることが目的となり、そのような任務の衛星は偵察衛星と呼ばれた。米ソ冷戦下の１９５９年に、米国により偵察衛星コロナが打ち上げられ、米ソを中心とした国々で軍事目的での衛星の開発と打ち上げが続いた。民生的な目的のリモートセンシングも軍事目的と並行して進められ、１９６０年には前章で述べたように世界初の気象衛星タイロス1号が米国により打ち上げられた。その後、資源探査、地図作成、大気観測などを目的としたリモートセンシング用の人工衛星の開発が次々と進められている。

リモートセンシングは、すでに述べたように人工衛星によるものだけを指す言葉ではなかったが、現在は人工衛星を用いた地球観測を指すのが一般的である。

2　中国の地球観測

(1)　回収式衛星

元々中国の宇宙開発は、毛沢東の両弾一星政策から始まっていることや、開発を担う組織が人民解放軍の関係機関が中心であったことなどにより、１９７０年4月の東方紅1号打ち上げ成功以降においても、衛星利用においては軍事優先あるいは軍民両用が基本的な考え方であり、地球観測もその方向で進められた。

１９７５年に中国は、初めての回収式衛星ＦＳＷ－０号の打ち上げに成功した。衛星寿命は５～15日であり、近地球楕円軌道を周回する。衛星にはカメラを搭載しており、その衛星のカプセルを地上で回収し、撮影したフィルムを取り出すものであった。写真を撮り終えた後、カプセルは軌道から離脱し、レトロエンジン（逆推進ロケットエンジン）により減速して大気圏に入り、最終的にはパラシュートで地上に戻るというシステムである。ＦＳＷシリーズの衛星は、その後１９９２年までに合計15機打ち上げられている。

この回収式衛星の地球への帰還システムは、有人飛行の際の「神舟」回収技術取得に重要な役割を果たしている。

（２）遥感シリーズ

中国では、軍事目的を中心にした回収式衛星を多く打ち上げてきたが、２００６年には地球観測衛星シリーズとして、「遥感」シリーズを開始した。遥感は中国語でリモートセンシングを意味し、科学実験、国土資源調査、作物収量評価、災害モニタリングなどに使用される。また、軍事目的の利用もこのシリーズが担っているといわれている。搭載センサとしては、光学センサ、合成開口レーダ、高精度電波測定の３種類があり、これまで30機が打ち上げられている。

衛星の開発は、光学センサを搭載する衛星は中国空間技術研究院（ＣＡＳＴ）が行い、合成開口レーダを搭載する衛星は上海航天技術研究院（ＳＡＳＴ）が行っている。両研究院とも、中国航天科技集団有限公司（ＣＡＳＣ）に所属している。一方、リモートセンシングの技術開発は国務院科学技術部の国家リモートセンシング・センターや中国科学院のリモートセンシング・デジタル地球学研究所などが、災害モニタリングは国務院民政部の国家減災センターが、それぞれ実施している。

（3）CBERSと資源シリーズ

中伯地球資源衛星（China-Brazil Earth Resources Satellite：CBERS）は、中国とブラジルが共同で開発し、中国から打ち上げられた地球資源探査のための衛星である。中国の中国空間技術研究院（ＣＡＳＴ）とブラジルの国立宇宙研究所が共同で衛星の開発を担当し、１９９９年10月に初号機であるCBERS-01号が、太原衛星発射センターから長征４Ｂロケットにより打ち上げられた。その後、２００３年にCBERS-02号が、２００７年にCBERS-02B号が、２０１１年にCBERS-04号が打ち上げられている。

中国独自の地球資源衛星「資源」（ＺＹ）シリーズも打ち上げられているが、最初の衛星（ＺＹ－１Ｃ）に搭載されている観測センサはＣＢＥＲＳと共通点が多い。その後、資源2号（ＺＹ－２）が3機、資源3号（ＺＹ－３）が2機打ち上げられている。資源3号は、マルチスペクトルＣＣＤカメラや高解像度カメラ、赤外線分光計などの高性能センサを搭載していて、5万分の1の地図作成が可能となった。

（4）海洋シリーズ

海洋の海水の色や温度の測定により、海洋生物の生態調査と資源利用、海洋汚染の監視・予防・回復、海洋の科学研究などを実施するため、中国は海洋シリーズの人工衛星を打ち上げている。衛星の運用は、国務院自然資源部の国家海洋局（SOA）が行っている。現在までに、海洋1号が3機、海洋2号が1機打ち上げられており、今後2020年までに4機の海洋1号、2機の海洋2号、2機の海洋3号を運用することにしている。

（5）環境シリーズ

中国は、環境と災害監視を目的に、現在までに環境（HJ）シリーズとして、2機の光学センサ搭載衛星（HJ－1A、HJ－1B）、1機のレーダ衛星（HJ－1C）を打ち上げている。運用を担当しているのは、国務院の環境保護部（MEP）にある衛星環境応用センター（SEC）である。

（6）高分シリーズ

地球観測衛星のセンサ精度をこれまでより向上させ、資源管理、農業支援、環境保護、災害対策、都市計画および交通計画などより広範囲で多分野に応用することを目的とし、国務院の国家国防科技工業局（SASTIND）が中心となって開発されているのが高分（ＧＦ）シリーズである。高分は高分解能を意味している。２００６年から開発がスタートし、２０１３年に初号機である高分1号が打ち上げられた。光学センサ搭載衛星とレーダ搭載衛星があり、現在までに5機打ち上げられている。

（7）天絵シリーズ

国土資源の全面調査、立体的な地図の測量と製図などを任務とするのは、天絵シリーズの衛星である。２０１０年以降3機が打ち上げられ、国務院自然資源部の国家測絵地理情報局（ＮＡＳＧ）が運用している。

（8）その他

中国では、広大な国土と急激な経済発展をバックに、上記以外にも地球観測衛星の開発が進められている。具体的には、二酸化炭素を測定する「炭素」、吉林省が中心で開発を進める「吉林」、民間リモートセンシング企業が開発する「高景」などである。

3　国際的な比較

ＪＳＴ報告書では地球観測衛星に関し、ミッションの多様性、センサ技術、公共利用の多様性、衛星製造販売と衛星画像販売、国際貢献の5つの要素により技術評価を行っている。

まずミッションの多様性であるが、気象観測、大気観測、海洋観測、陸域観測の4つの分野のいずれにおいても中国は力を入れており、米国や欧州と並ぶ技術力を示している。

地球観測衛星のセンサの種類と性能は、米国と欧州が各種のセンサをほぼ網羅して開発している。日本は、予算規模から欧米と同じ範囲のミッションをすべて保有することはできないが、研究開発を網羅的に実施する努力はなされている。また衛星開発に着手したものは、世界唯一あるいは世界最高性能の地位を確保している。ロシアは、早期警戒衛星や地震予知を目指した電磁波観測衛星で一部進んでいるものの、観測センサのバリエーションや技術の近代化で停滞している。中国では、欧州との協力などによる多くのセンサ開発の成果が出つつありハードの開発能力を得たが、観測したデータの校正検証・応用利用はまだ発展途上である。

公共利用の多様性とは、気候、生物多様性、災害、エネルギー・資源、食料・農業、インフラ交通、公衆衛生、都市開発、水資源、総合システムなどの分野での利用の多さである。現時点では、すべての分野で満足できる利用を行っている国はないが、米国と欧州は一通りの技術開発に着手している。それに続くのが日本であり、中国とロシアは、水資源や総合システムの利用で後れを取っている。

地球観測衛星の製造販売は欧州が先行している。米国は実質的に韓国の「KOMPSAT-1」を製作し、日本向けには気象衛星センサの輸出を行っている。中国はブラジルと衛星の共同開発を行っており、2014年までに4機打ち上げた。またベネズエラの小型地球観測衛星を受注し打ち上げた実績がある。衛星画像ビジネスでは、欧米の企業が受信権の販売や画像販売で先行している。ロシアは受信権

表11　地球観測　評価結果（2015年版）

評価項目	満点	中国	米国	ロシア	欧州	日本
ミッションの多様性	10	10	10	6.5	10	9
センサ技術	10	4	10	4	7.5	5
公共利用の多様性	10	3.5	6.5	3.5	6.5	5
衛星製造販売・衛星画像販売	5	2	4	2	5	1
国際貢献	5	2.5	2	0.5	5	4
合計	40	22	32.5	16.5	34	24

（出典）『世界の宇宙技術力比較（2015年度）』を基に作成

の販売は行っていないが、これまでの気球観測衛星の打ち上げ実績を基に画像販売を欧米並みに行っている。日本や中国は、画像販売を行っているがその規模はまだ小さい。

衛星による地球観測システムでは、国際協力を組織し自国の観測要求に対する不足分を賄い、他国に余剰の観測結果を与える仕組みをどのように作るかが重要である。欧州は国際災害チャータを運営管理していることなどから貢献度が高く、米国や日本は実際に利用された衛星の頻度で中国やロシアより貢献度が高くなっている。一方地域協力では、日本がアジア・太平洋地域宇宙機関フォーラム（APRSAF）を主導し、中国がアジア太平洋宇宙協力機構（APSCO）を主導しており、その主要協力テーマの一つが地球観測であるため、日本と中国の貢献度が高くなっている。欧州においては、ESAが欧州地域における国際協力機関の中核となっている。

以上の各要素の評価を総合したものが、表11である。この結果は、欧州と米国がほぼ互角で強く、続いて日本と中国が続いており、ロシアは最下位となっている。中国は、軍事目的での地球観測は古くから開発運用してきているが、民生的な地球観測は比較的新しい。

しかし、21世紀に入ってからの経済発展を受け、観測対象を絞った地球観測衛星を多数打ち上げる状況が続いており、これまでの弱点であったセンサ技術や公共利用の多様性などで急激に発展する可能性を秘めており、欧州や米国に近づいてくると思われる。

8章

有人宇宙技術

有人宇宙飛行は、宇宙開発の華である。ここでは、ガガーリン以来の世界の有人宇宙技術の進展と中国の有人宇宙技術を概観し、各国の技術力比較を見たい。

1 有人宇宙飛行の歴史

(1) ガガーリンによる世界初の宇宙飛行

冷戦下における米国とソ連の宇宙開発競争は、国家の威信、それぞれの属している陣営の優劣、国防・安全保障技術の優劣などに直結しており、極めて熾烈であった。1957年10月、ソ連は世界初の人工衛星となるスプートニク1号を打ち上げたが、これをきっかけに米国でスプートニク・ショックが起き、米国もNASAを設立して本格的な宇宙開発を始める。

ソ連はその直後の1957年11月に、犬ライカを搭載した人工衛星スプートニク2号の打ち上げにも成功する。さらにソ連は1960年9月、スプートニク5号で2匹の犬やラットを地球周回軌道に乗せ、これらの動物を無事地球に帰還させることにも成功した。一方米国は、1961年1月マーキュリー計画により人工衛星MR2号にチンパンジーを搭載して打ち上げ、16分間の弾道飛行の後、大西洋上で無事回収した。ところが1961年4月、ソ連のガガーリンがボストーク1号により世界初の有人宇宙飛行を達成したことにより、米国はソ連に再度敗北することになった。

(2) アポロ計画

ガガーリンの宇宙飛行の1か月後には、米国のシェパード飛行士がマーキュリー計画で宇宙飛行に成功したが、スプートニクに続き有人飛行でも敗北したことは米国政府に深刻な影響を与えた。これを払拭すべく1961年5月、ケネディ大統領は上下両院合同議会での演説で、「私は、今後10年以内に人間を月に着陸させ、安全に地球に帰還させるという目標の達成に米国民が取り組むべきと確信する」と述べ、アポロ計画の実施を宣言した。それまでのマーキュリーやジェミニといった有人飛行計画やその他の月探査計画は、月に人類を送り込むアポロ計画のための技術開発や飛行士訓練、現地調査の一環となった。

米国のアポロ計画は、発射台での火災に巻き込まれ宇宙飛行士3名が犠牲になった1967年1月のアポロ1号の事故などにも屈せず着実に進められ、当時としては最強となるサターンV型ロケットが開発され、これを用いて1967年11月に無人のアポロ4号の打ち上げが成功した。その後アポロ5号から7号までで、様々なテストが実施され、1968年12月には3名の宇宙飛行士を乗せたアポロ8号が月の周回軌道に入り、無事地球に帰還した。さらに1969年7月、アポロ11号の2名の宇宙飛行士が着陸船で月面に到着し、月面を歩いた初めての人類となった。

(3) デタント

1970年代に入り、米ソ冷戦の緊張緩和(デタント)が進み、また米ソ以外の国が宇宙開発に参入するとともに、2つの超大国が競争を続けることへの注目は薄らいでいった。米国の宇宙科学者たちの関心は、様々なデータを集めるスカイラブや宇宙との往復・再利用が可能なスペースシャトルに移っていった。一方ソ連は、米国のアポロ計画に対抗してソユーズ計画を進め月着陸を目指していたが、アポロ計画の成功を受けて月到達を諦め、サリュート、ミールなどの地球近傍の宇宙ステーション建設を目標にしていった。

(4) サリュート

サリュートは、人類初の長期宇宙滞在型ステーションとしてソ連により開発され、合計7機が打ち上げられている。ちなみに、サリュートとはロシア語で「礼砲」「花火」を意味する。

1971年に打ち上げられたサリュート1号から5号までがほぼ同一の機体であり、6、7号はこれを改良した機体となっているが、大きさはほとんど変わらない。サリュート1号の外形は、全長約13メートル、直径が約4メートル、重量が約18トンで、3名が搭乗できた。搭乗員の打ち上げ・帰還にはソユーズが使用され、荷物の運搬はプログレスが使われた。

サリュート2、3、5号の3機は軍事目的であり、アルマースという別名を有し、地上偵察用の大型光学望遠鏡が搭載されており、軍人による情報収集活動がなされたほか、自衛用に23ミリ機関砲まで搭載されていた。

サリュートによるフライトは、サリュート7号が廃棄される1986年まで続けられ、その後のソ連の宇宙活動は後継のミールに引き継がれた。

(5) スカイラブ

米国はアポロ計画で人類の月到達ではソ連に勝利したが、ソ連がサリュートにより長期宇宙滞在を目指したことに対抗してスカイラブ(Skylab)計画を実施した。ラブは「laboratory」の略で、スカイラブは宇宙実験室を意味する。1973年5月に本体が打ち上げられ、その11日後にアポロ宇宙船で3名の宇宙飛行士が本体に向かい、無事ドッキングして28日間宇宙に滞在して帰還した。その後、同様の実験を同年の7月と11月に実施し、人類の宇宙滞在日数を84日間まで伸ばしている。本体の機体はサターンロケットの第3段を改造して製造されたもので、全長約25メートル、直径約6・6メートル、総重量は68トンであった。

(6) スペースシャトルとスペースラブ

スペースシャトルは第3章で述べたように、再使用をコンセプトとして米国が開発した有人宇宙船であり、打ち上げ装置でもある。主な使用目的は、数々の人工衛星や宇宙探査機の打ち上げ、宇宙空間における科学実験、国際宇宙ステーションの建設などであり、初飛行の1981年から最終飛行の2011年まで、合計135回打ち上げられた。

スペースラブ(Spacelab)は、スペースシャトルに積み込まれる再利用可能な宇宙実験室である。

与圧モジュール、非与圧のキャリア、その他関連する機器などの複数の構成要素からなり、宇宙の軌道上の微小重力状態で実験を行うことができる。前述のスカイラブは1973年に実施されたのみで、その後の米国の宇宙実験はこのスペースラブにより実施された。1983年11月、スペースシャトル運用の9回目であるSTS－9（コロンビア号）のミッションでスペースラブが搭載されて以降、1998年のSTS－90（コロンビア号）のミッションまで合計22回のシャトル・ミッションで使われた。しかし、国際宇宙ステーションで科学的な研究を行うことになったため、スペースラブは引退することになった。

スペースラブのモジュールは、巨大な円筒形をした実験室で、スペースシャトルの貨物室に積み込まれる。実験室の外径は約4メートルで、与圧部とパレットの2区画があり、各区画の長さは約2・7メートルである。与圧部は空気があり、シャトルの乗務員室とトンネルで接続されている。もう一つの区画であるパレットは、宇宙空間への曝露が必要な機器、望遠鏡などの広い視野を必要とする機器などを取り付けるためのU字型のプラットフォームである。

（7）ミール

ミールは、ソ連によって1986年2月に打ち上げられた宇宙滞在型ステーションで、サリュートの後継機である。ミールという名前は、ロシア語で「平和」「世界」を意味する。ミールはサリュートと異なり、複数のドッキングポートを備え、区画の増設が容易になっている仕様であった。最初に打ち上げられたのは、宇宙飛行士が寝食を行う居住空間を提供する部分であり、「コアモジュール」と呼ばれている。１９９６年までの10年間に5つの大型モジュールを打ち上げ、規模を拡大した。増設に増設を重ねたため非常に複雑な形状になっており、重量は約１２４トン、太陽電池パネルだけでも15枚に上った。

ミールは日本とも関係があり、１９９０年12月、当時ＴＢＳ社員の秋山豊寛氏が宇宙特派員として日本人初の宇宙飛行を達成し、ミールに搭乗して9日間にわたる宇宙リポートを行っている。

後述する国際宇宙ステーションにロシアが参加することが１９９３年に決定したことや、ミール本体の老朽化などにより、これを廃棄することとなり、２００１年3月に大気圏に突入した。打ち上げられてから15年間、旧東側諸国を中心に米国やヨーロッパからも１００人以上の宇宙飛行士が訪れ、米国のスペースシャトルも8回のドッキングを行った。

（8）国際宇宙ステーション

国際宇宙ステーション（International Space Station：ISS）は、米国、ロシア、日本、カナダおよび欧州宇宙機関（ＥＳＡ）が協力して運用している宇宙ステーションで、地球および宇宙の観測、宇宙環境を利用した様々な研究や実験を行うための巨大な有人施設である。地上から約４００キロメートル上空を秒速約7・7キロメートルで飛行し、地球を約90分で1周、１日で約16周する。

この計画が最初に持ち上がったのは１９８０年代初期で、レーガン米国大統領による「フリーダム計画」である。この計画は、西側の結束力をアピールしてソ連に対抗する政治的な意図が非常に強いものであった。しかし、米国や欧州の財政難やスペースシャトル「チャレンジャー」の爆発事故があり、一方で1991年末にソ連が崩壊してロシアとなり、その混乱と財政難でミールは老朽化したまま放置に近い状態となっていた。そこで米国は、ロシアに対しフリーダムとミールを統合するISS計画を持ちかけ、ロシアもこれに応じ、1998年から計画が開始された。1999年から軌道上でのISSの組立が開始され、2011年7月に完成した。現在の関係国の了解では、2024年まで運用を継続する方針である。

ISSは、重量約420トン、トラス（横方向）の長さ約108メートル、進行方向の長さ74メートルと巨大であり、最大滞在人数は6名である。

2　中国の有人宇宙飛行

(1) 有人飛行計画の前段階

1960年前後の有人宇宙飛行における米ソ先陣争いは、極めて急激で熾烈なものであったが、30年ほど遅れてスタートした中国の有人宇宙飛行は、しっかりとした計画に基づき地道に時間をかけて達成されている。

中国における有人宇宙飛行計画は、初めての人工衛星の打ち上げ後の比較的早い時期である

1971年に計画が策定され、人民解放軍により宇宙飛行士の選考も行われていた。しかしこの時期は、1966年から始まった文化大革命の真っ只中であり、文革の前に決められていた両弾一星計画は共産党幹部の強い意向により大きな影響を免れたものの、新たな計画の実施は困難であり、有人宇宙飛行計画は結局中止に追い込まれた。

その後再び有人宇宙飛行に向けて動き出したのは文革終了後であり、1986年に策定されたハイテク科学技術開発の国家計画である863計画の中で有人宇宙飛行が取り上げられ、以降人民解放軍が中心となり関係部局の協力を受けて検討が行われてきた。

(2) 有人宇宙船「神舟」の開発

1992年4月に中国独自の有人宇宙計画がスタートしたが、最初の重要な開発項目は有人宇宙船の選択であった。1981年に米国NASAが有翼式の再使用型宇宙往還機であるスペースシャトルの初飛行に成功していたこともあり、中国の技術者にとっても再使用型の宇宙船は魅力的な開発目標であった。しかし、宇宙往還機は非常に複雑な技術であったこともあり、結果として堅実なソ連型のソユーズ方式を宇宙船として選んだ。中国式の有人宇宙船は「神舟」と命名された。神舟の命名は、当時の中国共産党総書記であった江沢民によるといわれている。

中国の有人飛行達成にとって幸運だったのは、ソ連が1991年に崩壊したことである。ロシアはソ連崩壊後の経済的混乱を経験することになり、中国はこの時期にロシアと交渉し、ソユーズ宇宙船の技術提供を受けることとなった。ただし、開発された神舟はソユーズとまったく同一のものではなく、例えば神舟は全体に大きく宇宙飛行士の居住空間が広くなっている点や、宇宙飛行士の代わりに宇宙実験装置が搭載できる点など、様々な工夫が凝らされた。

(3) 無人飛行での周到な準備

1995年には人民解放軍の中で宇宙飛行士の選抜プロセスが開始され、選ばれた宇宙飛行士候補生14名からなる「人民解放軍航天員大隊」が1998年に発足している。

1999年11月に神舟1号は、酒泉衛星発射センターから長征2Fロケットにより打ち上げられた。ミッションは、ソユーズの技術を導入して一部改良した宇宙船神舟が十分な性能を発揮できるかどうか、また、地上側の追跡管制のシステムが神舟の飛行をサポートできるかどうかを確認することであった。神舟1号は、打ち上げ後所定の軌道に投入され、地球を14周、時間で21時間11分飛行して、無事内モンゴルに帰還した。

神舟1号の成功から1年2か月後の2001年1月、神舟2号が打ち上げられた。神舟2号では、神舟の生命維持装置をテストするため、再突入カプセルの中にサルとイヌとウサギ各1匹が入れられた。また、64種類の観測機器、実験装置も持ち込まれ、これらの中には無重力結晶学の実験装置、6匹のマウス、宇宙線検出器、ガンマ線検出器等があった。神舟2号は、6日間と18時間、地球を108周して帰還した。

続いて２００２年３月、神舟３号が打ち上げられた。神舟３号では、宇宙で人が生存するのに必要な生命維持装置の試験を行うことを主目的とし、動悸、脈拍、呼吸、食事、代謝、排泄といった人間の生理現象を模した機能を備えたダミーの人形を搭載した。また打ち上げ直後の事故に備え、神舟３号は打ち上げ脱出システムを備えた長征２号によって打ち上げられた。ミッションでは、雲の測定、宇宙線の測定、紫外線の観測、大気の構成の分析、大気の密度の観測、タンパク質の結晶化などの実験が行われるとともに、搭載されたビデオカメラにより宇宙船の窓を通して地球が撮影された。

２００２年12月、有人宇宙飛行へ向けての最終試験である神舟４号が打ち上げられた。神舟４号は、寝袋、食品など有人飛行に必要な装備がすべて積みこまれ、有人飛行の本番となる神舟５号で使われるものとほとんど変わらなかった。生命維持システムのテストのため、２体の宇宙飛行士のダミー人形も乗せられた。有人飛行に必要なシステムがすべて備えられており、このシステムに馴れるため宇宙飛行士候補者は打ち上げの１週間前に神舟４号に乗り込み、船内で訓練を行っている。また、植物の生育実験を始めとして、物理学、生物学、医学、地球観測、材料科学、天文学などの実験も行われた。

（4）楊利偉飛行士

すでに序章で紹介したとおり、２００３年10月、楊利偉を乗せた神舟５号は、酒泉衛星発射センターから打ち上げられ、地球を14回周回し、翌日の早朝に内モンゴルの四子王旗に着陸した。この宇宙飛行により、楊利偉は一躍時の人となったが、ここで、この楊利偉について少し触れたい。

中国初の宇宙飛行士 楊利偉　©百度

楊利偉は、１９６５年6月に中国東北部に位置する遼寧省葫芦島市で、地方の特産品会社勤めの父と高校の教師である母の間に生まれた。遼寧省には瀋陽市や大連市などの大都市があるが、葫芦島市は遼寧省の西北に位置し北京市に近接していて、人口は約２６０万人である。18歳となった１９８３年に人民解放軍に入隊し、空軍第８飛行学院に学んだ。１９８７年には空軍航空大学を卒業し、戦闘機のパイロットとして空軍での勤務を開始している。１９９８年には、有人宇宙飛行計画での宇宙飛行士審査に合格し、人民解放軍航天員大隊所属となって宇宙飛行士としての訓練を積んだ。２００３年10月、神舟5号により中国初の有人宇宙飛行を成功させ、宇宙飛行士となった。

楊は、葫芦島市の海岸近くに住んでいた幼い頃、空を飛ぶカモメを眺め、自分もカモメと同様に自由に空を飛ぶことを想像したという。小さい時の読書好きで内気な性格を心配した父は、楊を山登りや川泳ぎに積極的に連れ出したため、後にはスポーツや冒険が大好きな少年となった。少年時代になりたかった将来の職業は、意外にも鉄道の運転手であった。

（5）さらなる有人技術の習得

神舟6号は2005年10月に打ち上げられ、2度目の有人宇宙飛行となった。神舟6号には、費俊龍と聶海勝の2人の宇宙飛行士が搭乗し、5日間宇宙に滞在した。彼らは改良により軽くなった新宇宙服を着て様々な科学実験を行い、初めてトイレ付きの軌道モジュールに乗った。

神舟7号は、2008年9月に打ち上げられ、翟志剛、劉伯明、景海鵬の3名が搭乗した。ミッションは3日間続き、翟志剛、劉伯明の2名がソ連、米国に次いで世界で3番目となる宇宙船外活動（宇宙遊泳）に成功した。

神舟6号、7号の成功を経て、中国の有人飛行計画の重点は、独自の宇宙ステーション計画に移っていった。

3　天宮1号

中国は、かつてのソ連サリュートや米国スカイラブなどと同様に、中国独自の宇宙ステーション「天宮」の保有を目指している。宇宙ステーションの建設・運用のためには、大型打ち上げロケットの開発、宇宙船同士のランデブー・ドッキング技術、長期運用可能な生命維持システム、そして物資の補給船といった技術が不可欠である。神舟計画は、まず世界で3番目となる有人宇宙飛行技術の習得を目指したが、次のステップとして「天宮」の建設と運用に向けた技術習得を実施していった。

(1) 実験機「天宮1号」と神舟8号の打ち上げ

2011年9月、中国は初の宇宙ステーション実験機「天宮1号」の打ち上げに成功した。天宮1号は、全長10・4メートルの円筒形で、打ち上げ時の燃料を含む重量は8・5トンと比較的小型で、実験装置室と物資保管室を持っている。宇宙飛行士も乗り移り滞在できるが、滞在可能期間はそれほど長くない。旧ソ連のサリュートの全長約13メートル、直径約4メートル、重量約18トンの外形と比較して、かなり小ぶりである。

直後の2011年10月には、すでに軌道上にあった天宮1号を追尾しドッキングを行うため、神舟8号が無人宇宙船として打ち上げられた。神舟8号には、ダミーの人形やドイツとの共同実験装置も搭載されていた。天宮1号と神舟8号のドッキング試験は、テレビのほかにインターネットやラジオなどで国内外に中継される中で見事に成功した。さらに、両宇宙船はいったん切り離されて移動した後、難易度の高い太陽光に照らされた場所で2回目のドッキングを行い、これも無事成功している。神舟8号は2度にわたるドッキング実験を終了し、およそ2週間後に無事に地球に帰還した。一方天宮1号は、さらなる実験に備え軌道上での待機体制に入った。

中国初の女性宇宙飛行士　劉洋（左）　©百度

（2）神舟9、10号と初の女性宇宙飛行士

２０１２年6月、再び天宮1号とのドッキングを目指し、神舟9号が打ち上げられた。今度は有人で3名の宇宙飛行士、具体的には、景海鵬、劉旺、劉洋で、景海鵬は神舟7号での搭乗に続き2度目、劉洋は中国発の女性宇宙飛行士となった。打ち上げられた神舟9号は、軌道上に待機させてあった天宮1号との自動ドッキングに成功した。これにより中国は、米国、ソ連に次いで有人宇宙船とのドッキングを成功させた3番目の国となった。神舟9号に搭乗していた宇宙飛行士3名は天宮1号に乗り移り、約2週間滞在し、将来の長期滞在に備え身体への影響などの医学的調査を行った。さらに、両宇宙船を一度分離し、非常事態に備えた手動による再ドッキングにも成功した。その後、宇宙飛行士は全員再び神舟9号に乗り移り、無事に地球に帰還している。

ここで、中国初の女性宇宙飛行士である劉洋を簡単に紹介すると、劉は１９７８年10月に河南省鄭州市に生まれている。鄭州市は、中国大陸の中心部である中原の古都であり、3千500年前の伝説上の王国である殷の都が置かれたといわれている。現在でも約1千万人の人口を擁する大都会で、河南省の省都である。地元の高校を卒業した劉洋は、1997年に人民解放軍の空軍に入隊し、空軍長春飛行学校に入学している。2001年に同校を卒業の後、パイロットとして活躍していたが、2010年に宇宙飛行士候補として選抜され、以降訓練を重ね、2012年6月の神舟9号のミッションにより中国発の女性宇宙飛士となったのである。父親の劉士林は鄭州市の食品機械企業の技師、母親の牛喜雲は軽自動車製造工場の従業員という家庭に育っている。中国初の宇宙飛行士で宇宙飛行士選抜の面接試験官でもあった楊利偉は、劉洋の面接の際に誠実でチャーミングであるとの印象を持ち、ともに宇宙で仕事をするための相性の良さを感じたと述べている。

2013年6月には、聶海勝、張暁光、王亜平の3名の宇宙飛行士を乗せた神舟10号が打ち上げられた。聶海勝は神舟6号での搭乗に続き2度目の宇宙飛行であり、王亜平は劉洋に続いて中国で2人目の女性宇宙飛行士であった。打ち上げ後に、軌道上で待機していた天宮1号との自動ドッキングを、さらに手動ドッキングをそれぞれ行った後、15日間の飛行を終えて帰還している。宇宙滞在15日間は、神舟9号の13日間を超え、中国の有人宇宙船の最長記録を更新した。

(3) 天宮1号の落下

天宮1号は、神舟10号によるドッキング実験や有人滞在試験などを終了しすべてのミッションを追えた後も軌道上に留まっていた。しかし、2016年3月に国外の科学者より天宮1号が制御不能に陥ったとの指摘が出され、同年9月には中国政府も、機械的または技術的な理由から制御不能となったと発表した。地球近傍で制御不能になった天宮1号は、軌道上に留まることができず、大気上の空気抵抗により次第に高度が下っていった結果、2018年4月2日午前8時15分（日本時間同9時15分）頃、南太平洋中部上空で大気圏へ再突入した。機体の大部分は突入時に燃え尽きたと考えられる。

4　天宮2号

(1) 天宮2号の打ち上げ

中国は、中国独自の宇宙ステーション建設を目指し、2016年9月に「天宮2号」を打ち上げた。天宮2号は、全長10・4メートル、最大直径3・35メートル、展開時の太陽電池パネルの長さは約18・4メートル、重量は8・6トンであり、長征2号Fロケットを用いて打ち上げられた。天宮1号と比較をすると、サイズ的にはほとんど変わらないが、天宮1号は主としてドッキング技術習得のための標的だったのに対し、天宮2号は宇宙実験室と位置付けられていて、様々な実験が行えるように改良されており、さらに輸送・補修用に10メートル級のロボットアームが取り付けられた。宇宙飛行士の滞在期間も天宮1号に比較して長くなり、最長1か月程度の滞在が可能な設計となっている。

(2) 神舟11号の打ち上げ

2016年10月、天宮2号とのドッキング、宇宙滞在、宇宙実験を目的とし、神舟11号が景海鵬、陳冬の2人の宇宙飛行士を乗せて打ち上げられた。景海鵬は、神舟7号、神舟9号に続いて3度目のミッションとなった。打ち上げ2日後には、神舟11号は天宮2号とドッキングに成功し、宇宙軌道上での実験を開始した。そしてドッキング開始から30日後に両宇宙船は切り離され、地球に帰還した。天宮1号内での有人滞在の日数は最大で15日間であったことと比較すると、2倍に延びたことになる。

中国では、この神舟11号が一番直近のものであり、これまで神舟5号から11号までで11名の宇宙飛行士が誕生しており、そのうち2名が女性である。

(3) 無人補給船「天舟」の打ち上げ

無人補給船「天舟」は、天宮1号を改良する形で開発されたもので、全長10・6メートル、最大直径は3・35メートル、宇宙への物資運搬能力が6・5トン、推進燃料を最大で2トン搭載でき、3か月間の単独飛行能力を有している。天舟は使い捨て型であり、宇宙に物資を運搬した後は、地球の大気圏に再突入して燃え尽きる設計となっている。

2017年4月、天舟の初号機が打ち上げられた。この打ち上げは、海南島にある中国文昌航天発射場から、新しく開発されたロケット長征7号を用いて行われた。打ち上げ後、軌道に待機していた天宮2号と無人での自動ドッキングに成功し、所定の任務を終了した後、およそ5か月後の2017

年9月に大気圏に突入して燃え尽きた。

5 「天宮」の建設～将来計画

中国は、これまでの天宮1号、天宮2号の実績を踏まえ、本格的な宇宙ステーション「天宮」の建設を2018年頃から開始することとしている。順番で行けば、次に打ち上がるのは天宮3号となるはずであるが、これまでの天宮1号、天宮2号による実験段階は終了したとして、将来打ち上げる施設を改めて「天宮」と呼んでいる。この天宮のコアとなるモジュールが「天和」であり、それに2つの実験モジュールが追加されて完成する。現在の予定では2022年の完了を目指している。打ち上げ用のロケットは、長征5号が使用される予定である。建設段階や完成後の運用段階で用いられる有人飛行船は神舟であり、また物資運搬船にはすでに一度打ち上げられ実験に成功している天舟が用いられる。

コアモジュールの天和は、全長が約18メートル、直径が約4メートル、重量が約22トンといわれており、神舟や天舟とのドッキングをするためのポート、実験モジュールを接続するためのポートを備えている。一方、実験モジュールの2つはそれぞれ約20トンの重量を持ち、完成された天宮は合計で約60トンとなり、これは国際宇宙ステーションよりかなり小さいものの、旧ソ連のミールに匹敵する規模となる。

6　国際的な比較

以上が中国の有人宇宙技術の現状であるが、他の主要宇宙開発国と比較して、どの程度の実力かを見ていきたい。ＪＳＴ報告書では、有人宇宙船運用、宇宙飛行士運用、長期有人宇宙滞在、宇宙環境利用実験、有人宇宙探査の５つの技術的な側面から評価している。

有人宇宙船運用技術に関し、有人宇宙船の飛行実績のある国は、ロシア・米国・中国の３か国のみであり、そのうち米国だけが人類を月面に送り込むことに成功している。一方、有人宇宙船飛行回数では、ロシアと米国が累積で１００回以上の実績を有しており、中国は神舟による６回の飛行にとどまる。

宇宙飛行士運用技術に関しては、旧ソ連のミールや国際宇宙ステーションなどの運用が行われてから、自国で有人宇宙船を所有していない国でも宇宙飛行士の養成や訓練が行われ、有人宇宙活動が行われるようになった。宇宙飛行士数で見ると、米国は３３４人、ロシアは旧ソ連時代も含めて１１９人、欧州は47人、日本は12人、中国は11人である。また累積滞在日数では、米国は1万8千日超、ロシアもソ連時代も加えると2万7千日超、欧州はドイツの６５４日、イタリアの６２８日、フランスの５６７日等を合算し、２千５００日超である。日本は、２０１５年に油井宇宙飛行士のＩＳＳ長期滞在中に1千日を超え1千１８４日であるのに対し、中国は「神舟11号」の飛行後で１６８日である。

長期有人宇宙滞在技術として、システム統合技術、有人モジュール技術、生命・環境維持技術、衛生・健康管理、物資補給技術、物資回収技術、ロボティクス技術などがある。中国はロボットアーム技術

表12　有人宇宙技術　評価結果（2015年版）

評価項目	満点	中国	米国	ロシア	欧州	日本
有人宇宙船運用技術	8	4	7	7	0	0
宇宙飛行士運用技術	10	7	10	10	7	7
長期有人宇宙滞在技術	14	9	14	12	7	9
宇宙環境利用実験技術	4	2	4	4	4	4
有人宇宙探査技術	4	1	3	1	2	1
合計	40	23	38	34	20	21

（出典）『世界の宇宙技術力比較（2015年度）』を基に作成

を有しない（JST報告書の評価時点）ほか、他の項目でも米国やロシアと比較して実績が足りない。

宇宙環境を利用して様々な実験を行うことは、有人宇宙活動の一つの大きな目的である。旧ソ連と米国は、古くは1970年代のサリュート1号、スカイラブの有人宇宙船から現在の国際宇宙ステーションに至るまで宇宙環境利用実験を実施している。また欧州、日本も1990年代前半のユーレカやFMPT以降、継続的に宇宙環境利用実験を実施している。一方中国は、2000年前後から神舟シリーズで宇宙環境実験を行っているが、実績が少ない。

有人宇宙探査では、米国のアポロ計画による月探査しかないが、将来の有人探査を目指しての無人機での実績は中国を含めて他の国も有している。

以上の個々の評価を基にした、有人宇宙探査活動の評価結果を表12に示す。米国とロシアが先行しており、その後中国、日本、欧州と続いている。中国は、独自の有人宇宙飛行技術を有しているが、これまでの蓄積が米国やロシアと比較して少ないことからそれほど高く評価されていない。とりわけ、宇宙環境利用実験や有人宇宙探査技術で後れを取っている。

しかし、今後独自の宇宙ステーション天宮を建設・運用する計画が進めば、急速に米国やロシアに近づいてくると想定される。

9章

宇宙科学

宇宙開発というと有人宇宙飛行や人工衛星の利用がすぐに頭に浮かぶが、宇宙を探求しようとする天文学などの宇宙科学も重要である。

1 宇宙科学の歴史

(1) 天文学の歴史と宇宙科学

天文学は、天体や天文現象など、地球外で生起する自然現象の観測、法則の発見などを行う自然科学の一分野である。古代から発達した学問でもあり、バビロニアやギリシア、中国やインドなどでは天文学が重要視されて天文台が建設され、宇宙の根源についての考察が開始された。天文学が暦、気候予測などに関連しており、それが古代の統治制度に組み込まれていたのである。天文学が大きく前進したのはルネサンス期以降であり、コペルニクスの地動説、ケプラーの惑星運動研究、ニュートンの天体力学と重力の法則、ガリレオの望遠鏡による天体観測などが相次いだ。その後、20世紀に至るまで望遠鏡の性能向上、分光器や写真技術の開発と向上などにより、天文学はさらなる進歩を遂げた。

1957年のソ連によるスプートニク1号打ち上げにより、人類は大気圏外の事象を直接観測する手段を手に入れたことになり、天文学に画期的な変革をもたらした。それ以降、米国とソ連を中心に数多くの人工衛星などが打ち上げられるが、通信放送、地球観測、気象観測などと並んで、宇宙空間の知見を拡大する宇宙科学も、衛星などの打ち上げの重要な目的の一つとなった。

宇宙科学に利用される衛星などの宇宙機は、宇宙探査機と科学衛星に大別される。宇宙探査機は、地球以外の天体などを探査する目的で地球軌道外の宇宙に送り出される宇宙機である。宇宙空間そのものの観測（太陽風や磁場など）、月、太陽系の惑星、太陽、彗星、小惑星などの探査を目的とする。一方科学衛星は地球近傍に置かれる人工衛星であり、搭載するセンサの違いにより観察する宇宙現象が異なる。センサは、ガンマ線、X線、紫外線、可視光線、赤外線、マイクロ波、電波などを検出する。

(2) 月探査

宇宙探査機を使った宇宙科学において、1957年のスプートニク1号打ち上げ以降、最初に米国とソ連の宇宙開発競争が始まったのは、地球に最も近い天体である月の探査である。

1959年1月に打ち上げられたソ連のルナ1号は、2日後に月の近傍約6千キロメートルまで接近し、月の観測を行った後、地球と火星の間で太陽を回る人工の惑星となった。同年9月に打ち上げられたルナ2号は、月に到達し「晴れの海」に激突した。さらに同年10月に打ち上げられたルナ3号は、月を回った後地球に帰ってきたが、その際月の裏側の写真を撮影し地上に送信してきた。

ソ連の成功に追いつくため、米国は1961年アポロ計画を宣言するとともに、月の近接観測を行うレインジャー計画を開始し、続いてサーベイヤー計画を1966～1968年にかけて実施した。しかし、無人での月探査競争は依然としてソ連が先行し、1966年2月にルナ9号が米国のサーベイヤー1号より4か月早く月面軟着陸に成功した。さらに1966年4月には、ルナ10号が世界で初めて月の軌道に投入され、月の衛星となった。

1969年7月、アポロ11号の2名の宇宙飛行士が、着陸船で月面に到着し、月面を歩いた初めての人類となった。1970年代半ばまで、米国とソ連により有人無人合わせて65回に上る月面着陸が行われ、数々の観測や月の石などのサンプル収集が行われた。1976年に打ち上げたルナ24号を最後に、ソ連は金星と宇宙ステーション、米国は火星およびそれ以遠を目指すようになった。

月探査を再び点火したのは日本で、1990年「ひてん」を月に送り込み、月の軌道に到達した3番目の国になった。米国は、1994年に探査機クレメンタイン、1998年にはルナ・プロスペクターを打ち上げて月探査を再開する。ESAも2003年9月に、月周回探査機スマート1号を打ち上げ、月周回軌道に入れることに成功した。2007〜2008年にかけて、日本は「かぐや」、中国は「嫦娥」、インドは「チャンドラヤーン」を月探査に投入し、各国の月探査活動が活発になっていった。

(3) 内太陽系探査

太陽に近い内太陽系の惑星探査も、月面探査競争と並行し、主に米ソを中心として行われた。ソ連は、1970年に金星にヴェネラ7号を送り込んで軟着陸に成功し、初めて金星表面の写真撮影や金星の温度・気圧などを測定した。

一方米国は、1973年にマリナー10号を打ち上げ、翌年金星に接近させた後、水星の近傍まで到達させ、大小無数のクレーターに覆われた水星の表面写真を電送させた。そして、金星・水星・火星に接近させて写真撮影を行った。

火星探査は、ソ連による1962年のマルス1号により開始されるが、通信途絶による失敗が相次ぎ、米国も1964年に打ち上げられたマリナー3号が通信途絶により失敗している。1971年には、ソ連がマルス3号を送り込んで軟着陸に成功したが、大規模な砂嵐の中に着陸したため、20秒後に信号が途絶えた。火星探査で初めての成功を収めたのは、1975年に米国により打ち上げられたバイキング1号であり、火星近傍に到達後、着陸機を火星表面に降ろして火星地表の写真を撮影し、様々な科学探査を行った。

ESAは2003年、火星探査機マーズ・エクスプレスを打ち上げ、火星周回軌道に到達させ数々の成果を挙げた。

(4) 外太陽系探査

火星より遠くの宇宙探査は米国の独擅場であり、パイオニア10号、11号、ボイジャー1号、2号を次々と打ち上げている。

パイオニア10号は、1973年3月に打ち上げられ、同年末に木星に最接近して、写真撮影を行った。1983年6月には海王星の軌道を越えて太陽系の外縁を飛び出した後、1993年に探査機としての使命を終えている。パイオニア11号は、１９７３年４月に打ち上げられ、木星に接近した後、１９７９年に土星に最接近し土星の特徴である環の写真を地上に送信し、太陽系外まで出て１９９５年に消息を絶っている。ボイジャー1号と2号は、１９７７年８月に立て続けに打ち上げられ、木星、土星を撮影・調査した後、天王星、海王星を初めて探査した。なお、これら4機の探査機には、異星人宛てのメッセージが積み込まれている。

(5) 彗星探査

ハレー彗星は76年ごとに地球に接近するが、１９８６年の接近を契機に、各国が探査機を打ち上げ、科学調査を行った。日本の宇宙科学研究所（現ＪＡＸＡ）は、１９８５年に「さきがけ」と「すいせい」を打ち上げ、自転の周期や彗星と太陽風の相互作用の観測を行った。ソ連は、１９８４年に金星探査のために打ち上げたヴェガ1、2号を、金星でのミッション終了後ハレー彗星に接近させ、彗星の核の写真撮影に成功した。ＥＳＡは、１９８５年にジオットを打ち上げ、彗星の一番近くまで接近し、核の鮮明な写真を地球に届けた。ハレー彗星の核は、長さ15キロメートル幅8キロメートルの黒い表面をした物体で、太陽に向かって噴出しているという観測結果であった。

(6) 小惑星探査

最初に小惑星探査を行ったのは米国の木星探査機ガリレオであり、１９８９年にスペースシャトルから発射され、木星に向かう途中であった1991年と1993年に小惑星帯を通り抜ける際、それぞれガスプラとイダの撮影を行い、映像を送ってきた。続いて、米国のＮＥＡＲが地球近傍小惑星探査を目指して1996年2月に打ち上げられ、1997年7月にマティルドへ接近して表面を写真撮影し、続いて2000年2月にエロスへ到達し、写真撮影の後、2001年2月に軟着陸して科学探査データを送信してきた。

日本は、小惑星からのサンプルリターンを目指し、「はやぶさ」を2003年5月に打ち上げた。2005年9月には小惑星「イトカワ」とランデブーし、約5か月間カメラやレーダなどによる科学観測を行った。はやぶさは約30分間イトカワ表面に着陸することに成功し、再び離陸した。着陸の衝撃でイトカワの埃が舞い上がり、極めて少量ではあったが資料サンプルの回収に成功した。2010年6月、サンプル容器が収められていたカプセルは、はやぶさから切り離されて、パラシュートによって南オーストラリアのウーメラ砂漠に着陸し、翌14日に回収された。はやぶさの本体は大気中で燃えて失われた。

（7）科学衛星

スプートニク1号の打ち上げ以降、未知なる宇宙空間を科学することを目的として数多くの科学衛星が打ち上げられた。最初に成果を挙げたのは1958年1月打ち上げの米国のエクスプローラー1号で、搭載した宇宙線測定器によりヴァン・アレン帯を発見している。

科学衛星は、観測する電磁波の波長ごと、具体的にはガンマ線、X線、紫外線、可視光線、赤外線、マイクロ波、電波などに分けて分類される。複数の観測装置を有する科学衛星もある。科学衛星の中で天体望遠鏡を搭載したものを、宇宙望遠鏡と呼ぶこともある。

これらの科学衛星の分野でも米国とロシアの実績は圧倒的であり、欧州や日本も数は少ないが健闘している。特に日本は、1979年2月に打ち上げられたX線科学衛星「はくちょう」が、小田稔博士考案の「すだれコリメータ」を用いて銀河から降り注ぐ爆発的なX線を捉え、この分野の観測で世界をけん引した。その後も日本は「てんま」「ぎんが」「あすか」「すざく」などを次々と打ち上げ、X線天文学を主導した。

(8) 宇宙望遠鏡

地上の望遠鏡を人工衛星に搭載し、地球の大気の影響を受けることなく宇宙の観察を行う科学衛星は、宇宙望遠鏡と呼ばれる。望遠鏡というのは、遠くにある物体を可視光線、X線・電波などで捉えて観測する装置であるため、科学衛星全体を宇宙望遠鏡と呼ぶこともある。

最も有名な宇宙望遠鏡は、米国が1990年にスペースシャトルのディスカバリー号から打ち上げたハッブル望遠鏡である。約600キロメートル上空の地球軌道を周回しており、本体は長さ約11メートル重さ11トンの筒型で、内部に直径2・4メートルの鏡を持つ反射望遠鏡を搭載している。名称は、宇宙の膨張を発見した米国の天文学者であるハッブルに由来している。成果としては、シューメーカー・レヴィ第9彗星と木星の衝突、太陽系外恒星における惑星の存在、銀河系を取り巻くダークマターの存在、宇宙の膨張速度の加速、ブラックホールなどの観測がある。

2 中国の天文学、宇宙探査の歴史

(1) 中国の天文学の始まり

古代文明は天文学を重要視していたが、中国でも天文学は非常に長い歴史を持っており、中国の青銅器時代である殷（紀元前17世紀頃から11世紀）の中期にさかのぼる。その後の戦国時代には、紀元前4世紀頃からの天文観測の記録が残っている。中国の古代王朝が天文学を重要視した理由の一つは暦にあり、暦は王朝の権力と統治の象徴と考えられていた。王朝の盛衰とともに、その時代の天文学者と占星術師はしばしば新しい暦を用意し、その目的のために観測をした。古代の中国では、月の満ち欠けを基本とした太陰暦が用いられたが、29ないし30日からなる「月」を12回繰り返して1年とする太陰暦では1年は約３５４日となり、地球の公転による1年の約３６５日に比べて約11日短く、3年過ぎると約1か月のずれとなる。そこで太陽の運行を参考にしつつ「閏月」を足して暦と季節のずれを正す方法が用いられ、閏月を何時入れるかを決定するための天体観測が、王朝統治の重要事項であった。

後漢の天文学者　張衡　©百度

(2) 偉大な天文学者・張衡の出現

歴史上最初に出現した中国の偉大な天文学者が張衡である。張衡は、後漢時代の紀元後78年に現在の河南省南陽市に生まれ、洛陽と長安の官吏養成所に学び、24歳の時に故郷の南陽の下級官吏となった。30歳頃より天文学を学び、力学の知識を用いて次々に新しい発見を行った。円周率を計算し、2千500個の星々を記録し、月と太陽の関係も研究した。また、月は球形であり月の輝きは太陽の反射光だとし、月食の原理も理解していた。さらに月の直径も計算したとされ、太陽公転の1年を365日と4分の1と算出した。このほか、世界で初めてと考えられる地震感知器も独自に作製し、これを用いて500キロメートル離れた地点の地震を感知することができたという。

(3) 日本の暦にも影響を及ぼした郭守敬

張衡の出現から1千年以上経過した中国に、もう

元の天文学者　郭守敬　©百度

一人の天才天文学者が現れた。郭守敬がその人であり、彼は１２３１年に河北省邢台市に生まれた。祖父が算術、水利学、五経に通じた学者だったことから、郭守敬も小さい頃からこれらの学問に親しんだ。１２６２年に元朝皇帝の世祖（クビライ）に拝謁してその才を認められ、灌漑路の修復に尽力して世祖の信頼を得た。

元では、旧王朝が採用していた暦を修正し使用していたが、日食・月食などの天文現象と合わないため、１２７６年世祖は郭守敬らに対し暦の改定作業を命じた。郭守敬らは、当時の世界最先端であったアラビアの天文学を援用し、観測装置を改良して天体観測を続け、１２８０年に新しい暦である「授時暦」を作成して世祖に提出した。この授時暦はモンゴル帝国内外に頒布され、翌年から元朝末期まで用いられ、さらに元を倒して成立した王朝である明でも「大統暦」と名を変えたのみで利用され続けた。そして、明末に西洋天文学を利用して作成された「時憲暦」が導入されるまで364年間使用され、中国歴代最長の暦となった。

なお日本でも江戸時代の天文学者渋沢春海は、この郭守敬が作成した授時暦を非常に優れた暦であると考え、そのうえで地球の公転軌道の円から楕円への変更や中国と日本の経度の違いに係る補正を加えて「大和暦」を作成した。これが、1684年に「貞享暦」として朝廷に採用された。補正と貞享暦採用の経緯に係るエピソードは、2010年の吉川英治文学新人賞を受賞した沖方丁著『天地明察』で取り上げられ、また同名の映画が滝田洋二郎監督作品として2012年に公開されている。

3　嫦娥計画など

(1) 出遅れた宇宙科学

現代の中国の宇宙開発は、初めに両弾一星政策による軍事技術の開発があり、それが一段落したところで実用的な通信利用や地球観測が行われ、科学的、学術的な天文探査などは遅れてスタートしている。

宇宙科学の最初の大型プロジェクトである嫦娥計画は、中国の月探査計画であり、2003年3月に開始された。嫦娥とは、中国で月にちなむ女神のことである。嫦娥計画は、大きく探査計画、着陸計画、滞在計画の3段階に分かれる。

（2）探査計画1～月軌道周回

嫦娥計画による第1段階の探査計画には、さらに月軌道の周回、探査機の着陸、月のサンプルリターンという3段階があり、すべて無人で行われる。２０１８年現在、嫦娥計画はこの探査計画で月軌道の周回の段階を終了し、探査機の着陸の段階まで進んでいる。

２００7年10月、嫦娥1号が西昌衛星発射センターから打ち上げられ、月の高度約２００キロメートルのところを1年間にわたって周回し、科学的な探査を行った。嫦娥1号は、ＣＣＤ立体カメラ、レーザ高度計、画像分光器、ガンマ線分光器、X線分光器、マイクロ波測定器などを搭載しており、月面の3次元映像の取得、月の表土の厚さの調査、月と地球の間の環境の調査などを行った。

２０1０年10月、嫦娥2号が西昌衛星発射センターから打ち上げられ、数回の軌道修正の後、月面から高度 18・7キロメートルのところまで接近して、虹の入り江地域を撮影した。

設計は嫦娥1号とほぼ同じであるが、解像度10メートルの高解像度ＣＣＤカメラを搭載していた。撮影された画像は、次の嫦娥3号の着陸地の選定にも使用された。

（3）探査計画2～探査機着陸

２０1３年12月には、嫦娥３号が打ち上げられ、12日後に嫦娥3号から着陸機が月面へ降ろされ軟着陸に成功した。これにより中国は、旧ソ連、米国に続き、月面軟着陸を成功させた3番目の国となった。

月面車「玉兎」の模型　ⓒ百度

この着陸機には、月面車「玉兎」のほか、科学観測を行う機器を搭載していた。また、約2週間も続く月の夜も活動できるように、プルトニウム電池を電力源として搭載していた。着陸機に搭載していた紫外線望遠鏡により、世界初となる月面からの天体観測も実施している。

玉兎は、着陸翌日に着陸機内部から月面に降ろされ、活動を開始した。玉兎は、重量が約120キログラムであり、6つの車輪によって移動し、底面のレーダにより月の内部の構造変化を観測できるものであった。動力源は太陽電池であり、夜間は活動を休むことになる。活動開始後、およそ1か月後の2014年1月下旬に制御異常が公表され、関係者により修復努力がなされ通信は回復したものの自走が不可能となり、2016年8月、稼働が停止したことが公表された。

中国は嫦娥3号に続き、着陸機と月面車を搭載した嫦娥4号を打ち上げる計画を現在進めている。嫦娥

4号では、月の裏側、つまり地球から直接見ることができないところに着陸機を下ろし、月面車により探査を行う計画である。2018年5月には、月の裏側での嫦娥4号の活動をサポートするためデータ中継通信衛星「鵲橋」を打ち上げ、所定の軌道に無事投入している。嫦娥4号の打ち上げは、2018年末を予定している。

(4) 探査計画3〜サンプルリターン

探査計画の第3段階として、採取した月面のサンプルを地球に持ち帰るサンプルリターンに向けた嫦娥計画が、現在進められている。

サンプルリターンに向けた準備段階として、地球周回軌道より遠くからカプセルを大気圏に再突入させ地上で回収する作業の確認のため、2014年10月試験機である嫦娥5号T1を打ち上げた。嫦娥5号T1は、月に向かい月の裏側を経由して地上に帰還する軌道に投入された。9日後に、嫦娥5号T1から切り離されたカプセルは大気圏に再突入し、無事に内モンゴル自治区で回収された。

近い将来、嫦娥5号が打ち上げられ、月面への軟着陸を行って、月面のサンプルを採取し地球に持ち帰ることになる。

(5) 着陸計画、滞在計画

嫦娥計画は遠大な構想であり、第1段階の探査計画が終了した後、着陸計画と滞在計画が予定されている。これらは有人による計画であり、着陸計画は宇宙飛行士を月面に送り、各種実験を行うもので、滞在計画は着陸計画の成果を踏まえて、月面に基地を建設し、宇宙飛行士を長期間滞在させることを想定している。

月に人間を着陸させた国は、アポロ計画による米国しかなく、成功すれば世界で2番目の国となる。しかし、そのためには例えばより巨大な打ち上げロケットの開発等、クリアすべき課題が多い。

(6) 月探査以外の科学衛星

嫦娥計画以外の科学衛星としては、中国とESAとの協力による「双星」計画がある。双星は、中国が初めて打ち上げた地球磁場観測衛星であり、赤道衛星TC－1と極衛星TC－2の2つの人工衛星からなる。それぞれ2003年と2004年に打ち上げられ、地球の磁気圏尾部の観測や、磁極で起こる物理プロセスとオーロラ発生の仕組みの解明などを行った。

最近では、「悟空」という愛称を有する暗黒物質粒子探測衛星（Dark Matter Particle Explorer：DAMPE）があり、2015年12月に酒泉衛星発射センターから打ち上げられている。この悟空は、高エネルギーのガンマ線、電子線、宇宙線などを測定し、ダークマターを探査する予定である。

4　国際的な比較

JST報告書では、太陽系探査、天文・宇宙物理観測、地球周辺空間観測・太陽風・太陽観測の

３つの要素で、宇宙科学を評価している。

太陽系探査として、月、小惑星・彗星、火星と衛星系、金星、水星、木星と衛星系、土星と衛星系、天王星・海王星、太陽系外縁天体の探査がある。米国が圧倒的で、他国に唯一後れているのは金星探査であり、旧ソ連が１９７０年にヴェネラ7号などで着陸に成功しているのに対し、米国は成功していない。欧州、ロシア、日本が太陽系探査で続いているが、木星以遠については米国の独壇場で、これらの国と米国とではかなりの距離がある。中国は、現在のところ嫦娥による月探査のみとなっている。

天文・宇宙物理観測は、ガンマ線・X線・紫外線・可視光・赤外線・電波・宇宙線など観測する波長・粒子によって大別される。米国がすべてで先行しており、欧州、日本が続いている。日本は、X線観測で世界的な成果をこれまでも出してきている。ロシアは、電波観測のみに実績がある。中国は、２０１５年の評価の時点では中国は対象の衛星を打ち上げていないため低い評価となっている。

地球周辺空間観測・太陽風・太陽観測でも米国が圧倒的であり、日本、ロシア、欧州はそれぞれ実施していない観測があり、観測機打ち上げも少ない。中国はＥＳＡと共同で「双星」計画を進め、２００３年と２００４年に衛星を打ち上げて地球磁場観測を実施したが、それ以外の観測実績はない。

これらの評価をまとめたのが次ページの表13である。米国が圧倒的であり、かなり離れて欧州と日本が続いている。ロシアは旧ソ連時代に米国と宇宙競争を行った実績があるものの、現在の宇宙科学の水準は高くない。

表13　宇宙科学　評価結果(2015年版)

評価項目	満点	中国	米国	ロシア	欧州	日本
太陽系探査	20	4	19.5	9	9	7.5
天文・宇宙物理観測	20	0	20	0.5	15.5	10
地球周辺空間観測・太陽風・太陽観測	20	2	20	4	3.5	4.5
合計	60	8	59.5	13.5	28	22

(出典)『世界の宇宙技術力比較（2015年度）』を基に作成

中国は、すでに述べたように軍事目的の宇宙開発が先行し、その後民生用や有人宇宙開発が進められたが、宇宙科学へのリソース投入は、2000年代に入ってからである。したがって現在までの実績が圧倒的に不足しており、ロシアにも追いついていない。ただし、ダークマターを探査するため「悟空」を打ち上げたり、嫦娥計画を中心とした月探査計画を精力的に進めたりしていることもあり、今後国内の科学コミュニティが成熟してくると、もう少し日本や欧州に接近してくると想定される。

10章

中国における宇宙開発の担い手

図２　中国の政治行政体制

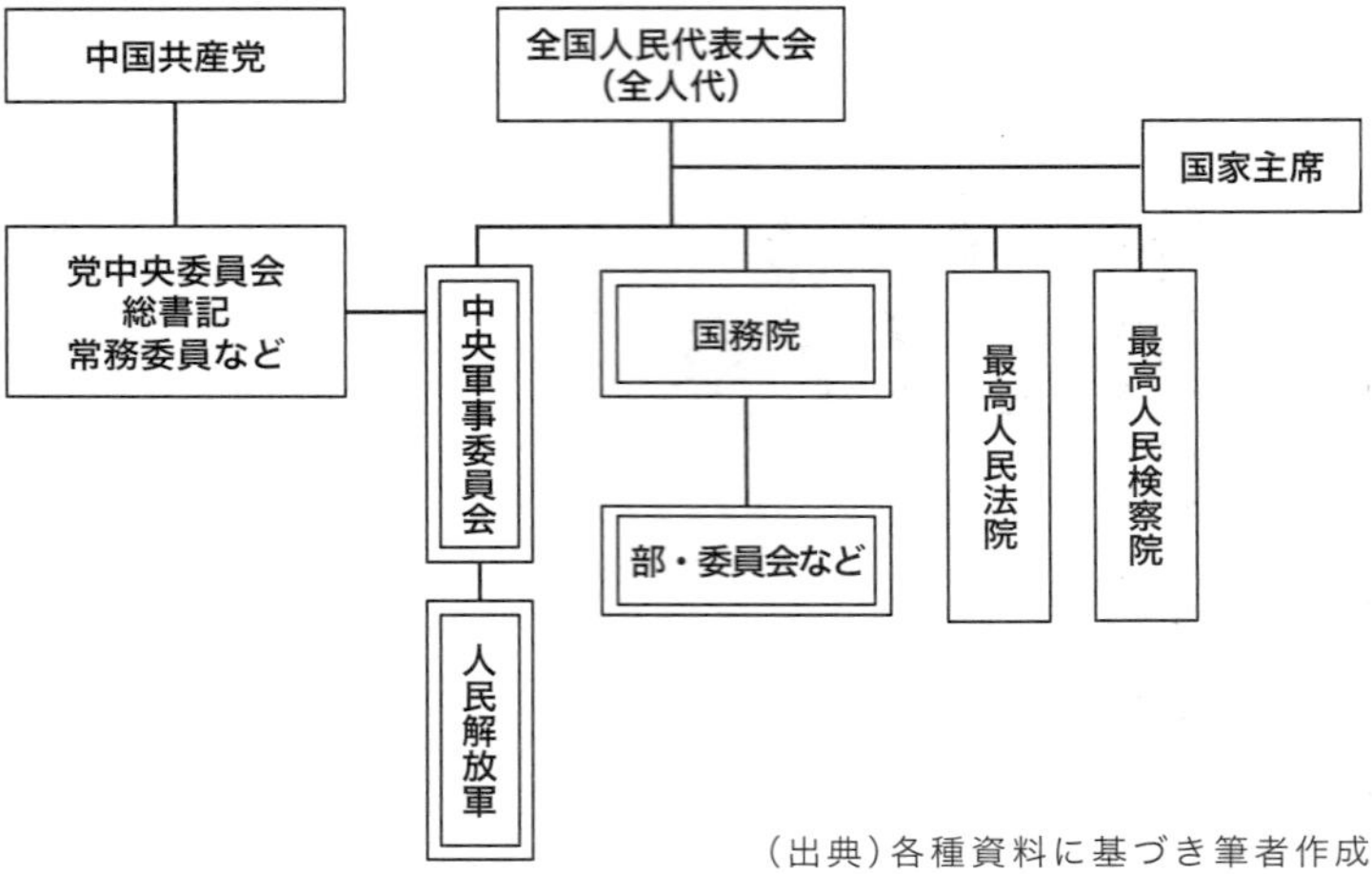

（出典）各種資料に基づき筆者作成

中国において宇宙開発に携わっている組織を紹介する。

1　政治行政体制

中国においても宇宙開発は、他の国と同様に国家の事業という色彩が強い。そこで、まず中国の国家体制を見ると、中国の主たる政治行政体制は図２のとおりであり、これらのうち、国務院と中央軍事委員会の下部組織に、中国の宇宙関連機関が属している。

日本の内閣にあたる国務院全体の組織図を示したのが、図３である。図の中で、部・委員会とあるのが日本でいう政府省庁であり、この中では工業・情報化部が重要である。また、部・委員会が管理するものの独立的な色彩の強い部局として、工業・情報化部が監督する国家国防科技工業局がある。さらに研究開発などを担当する中国科学院や気象衛星を

図３　国務院の組織図

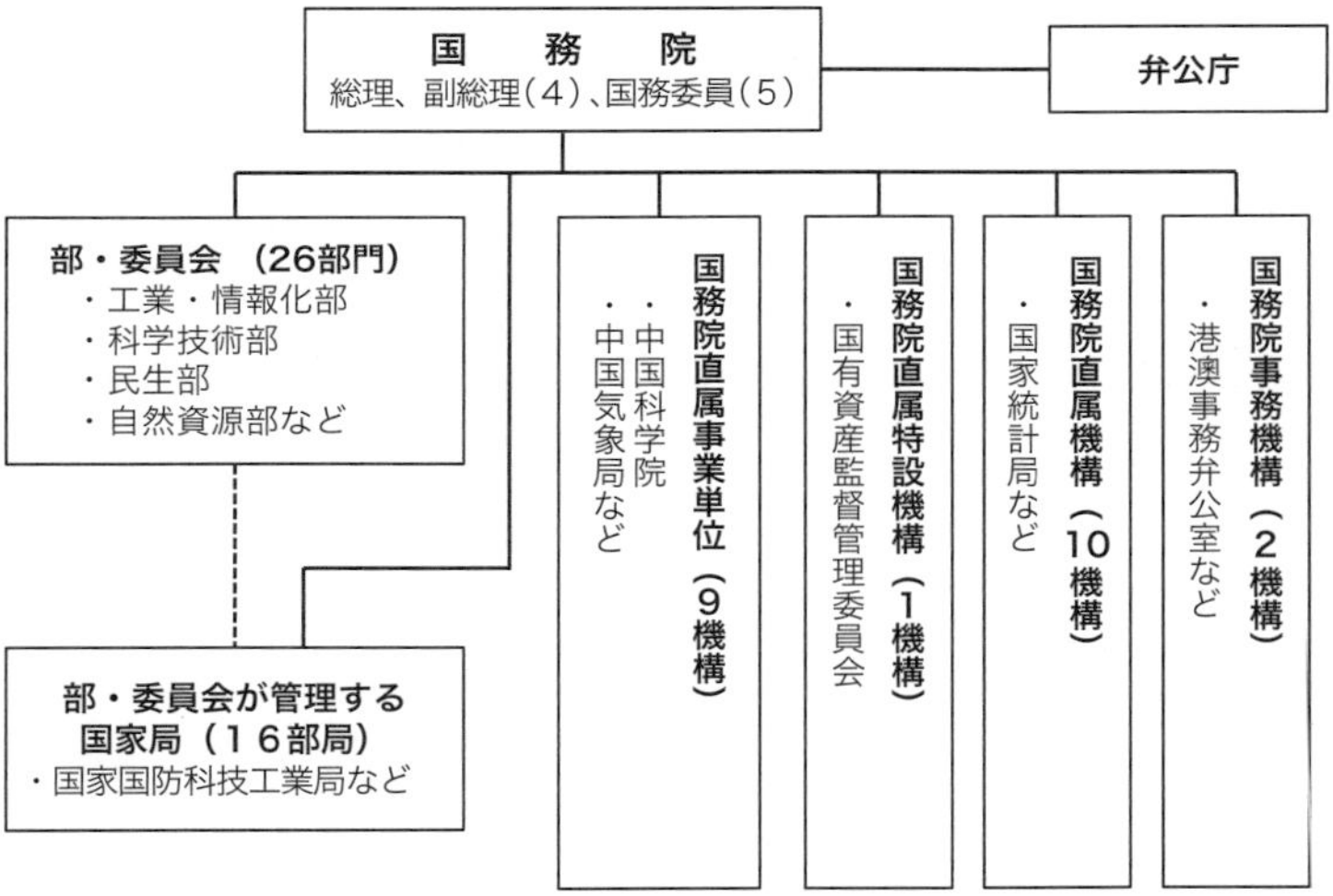

（出典）各種資料に基づき筆者作成

担当する中国気象局は直属事業単位である。

２　国務院

国務院の宇宙関連組織だけを取り出して図示したのが次ページの図４である。

(1) 工業・情報化部

工業・情報化部 (Ministry of Industry and Information Technology：MIIT) は、主として工業、情報通信、新材料、航空、宇宙などに関する産業を主管する国務院の一部局である。政府部門のＩＴ化の推進も担当している。日本の省庁では、経済産業省と総務省の一部に相当する。また北京航空航天大学、北京理工大学、ハルビン工業大学、西北工業大学、ハルビン工程大学、南京航空航天大学、南京理工大学の７大学を傘下に有している。

図４　国務院内の宇宙関連組織

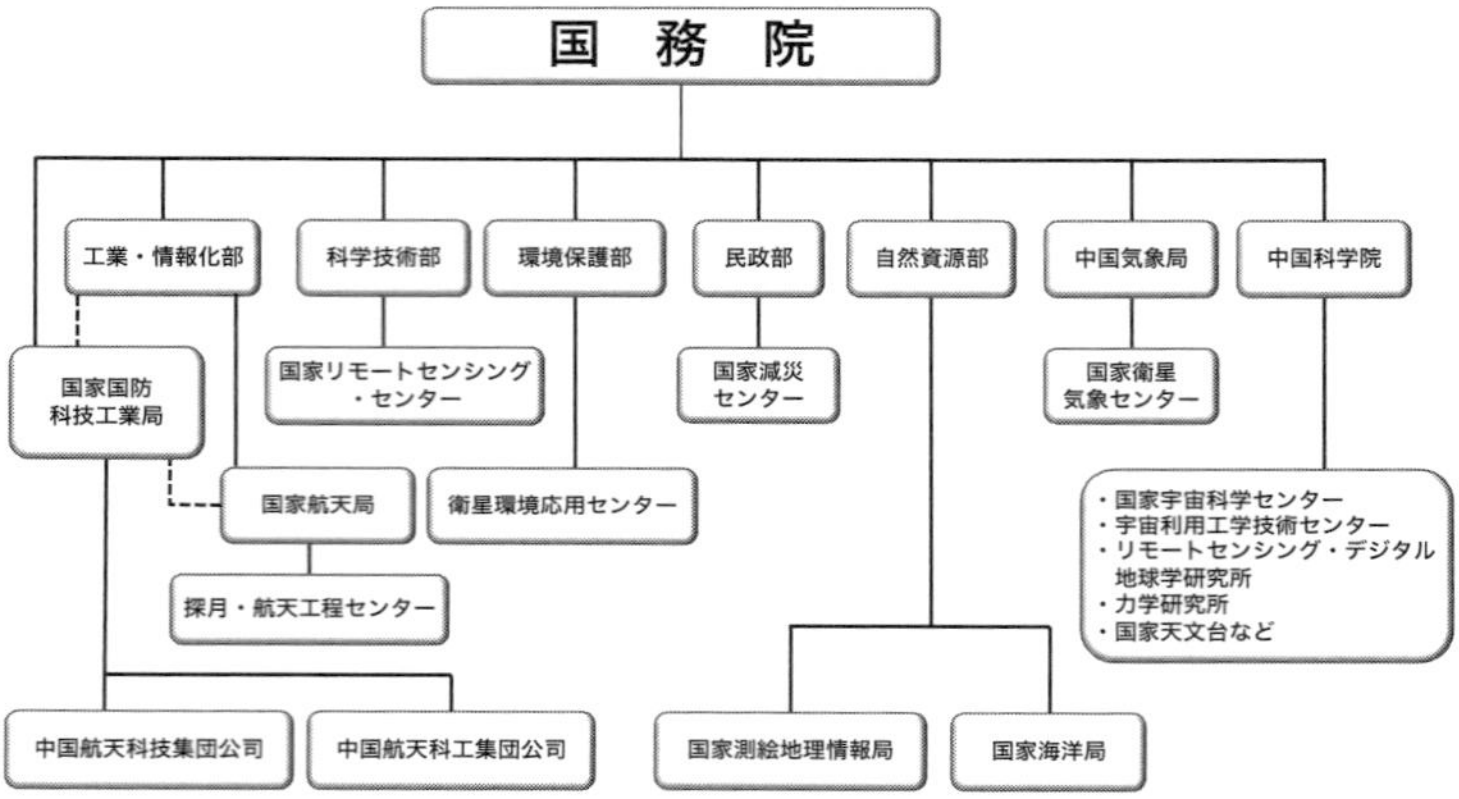

（出典）各種資料に基づき筆者作成

工業・情報化部の２０１８年８月現在の部長（日本の大臣）は苗圩で、１９５５年に北京市で生まれ、１９８２年に合肥工業大学の内燃機関学科を卒業し、自動車関連の業務に従事してきた。１９９９年東風汽車の総経理となり、湖北省武漢市の共産党委員会書記、工業・情報化部副部長を経て、２０１０年に工業・情報化部部長となっている。

（2）国家国防科技工業局

国家国防科技工業局（State Administration of Science, Technology and Industry for National Defense：SASTIND）は、国務院に直属する部局である。国務院の部局には、前ページの図３に示すとおりいくつかの類型があるが、この国家国防科技工業局は「部・委員会が管理する国家局」の一つであり、独立した組織であるものの前記の工業・情報化部の管理下にある。歴史は古く、１９５２年に設置された人民

北京市西長安街の工業・情報化部　©百度

解放軍国防科学技術委員会が母体であり、数度の改編を経て現在に至っている。

国家国防科技工業局は、原子力、航空、宇宙、通常兵器、船舶、電子などの国防先端技術産業を所管している。具体的には、後述する「中国航天科技集団有限公司」「中国航天科工集団有限公司」のほか、「中国航空工業集団有限公司」「中国船舶重工集団有限公司」「中国核工業集団有限公司」「中国兵器工業集団有限公司」「中国電子科技集団有限公司」などの巨大な国営企業を傘下に有している。

国家国防科技工業局は、北京市の西北部に位置する海淀区阜成路にある中国航天ビル内にある。ここには同局のほか、後述する国家航天局や中国航天科工集団有限公司があり、さらに隣接して中国航天科技集団有限公司のビルがある。

２０１８年6月現在、国家国防科技工業局の局長は張克倹であり、共産党支部の書記を兼ねている。ま

北京市海淀区の国家国防科技工業局　©百度

張克倹　国家国防科技工業局長　©百度

た張局長は、工業・情報化部の副部長および後述する国家航天局局長を兼務している。工業・情報化部での序列は第4位である。

張克倹局長は、1961年江蘇省の昆山生まれで、人民解放軍直轄大学で湖南省長沙市にある国防科学技術大学応用物理学科で高エネルギー物理学を専攻し、安徽省合肥にある中国科学技術大学で爆発力学を専攻して修士号を取得している。その後中国工程物理研究院に研究員として配属となり、2007年同院の党委員会書記となった。2015年には国家国防科技工業局副局長となり、2018年5月に同局の局長に就いている。

(3) 国家航天局

国家航天局(China National Space Administration：NSA)は、中国の宇宙活動全般を統括し、中国を代表して外国や国際機関との協力・調整を行う国務院の機関である。数年ごとに作成される中国の宇宙白書を刊行している組織である。

1993年に航空航天工業部が改編され、その一部が独立して国家航天局となった。発足当初は前記の国家国防科技工業局と同様の「部・委員会が管理する国家局」であり、工業・情報化部の監督を受けつつも独立した部局であったが、現在は工業・情報化部の完全な傘下組織となっている。ただし、トップを国家国防科技工業局のトップである張克倹局長が兼務しており、同局の所在地も国家国防科技工業局と同じであることから、実態は国家国防科技工業局の内部組織に近いと考えられる。国際的な面については、現在も国家航天局が中国を代表している。なお、月探査計画を所管する「探月・航天工程センター」は、従来国家国防科技工業局の傘下組織であったが、近年この国家航天局の傘下組織となった。

(4) 中国科学院

中国科学院(Chinese Academy of Science:CAS)は、研究者を中心とした職員数で約6・5万名、予算額で約8千500億円と世界最大級の研究開発機関であり、傘下に100以上の研究所を中国全土に有している。中国の宇宙開発は両弾一星政策に始まるが、弾道ミサイルや人工衛星の開発そのものは国防部、人民解放軍、宇宙開発機関が中心であったものの、中国科学院は基礎的な科学技術知識の供与、関連人材の供給、関連装置等の開発において多大な貢献を果たしている。現在においても、中国科学院の多くの研究所で搭載機器の開発などが進められているが、ここでは直接的に宇宙関連の業務を担う機関を簡単に紹介する。

国家宇宙科学センター(国家空間科学中心、NSSC)は、中国の宇宙科学、人工衛星工学などの全般的な科学技術研究の基盤的組織であり、1958年に北京に設置され、中国の人工衛星第一号である東天紅1号の設計・開発業務、有人宇宙飛行プロジェクト、嫦娥計画などの中国の主要宇宙プロジェクトに関与している。以前は国家宇宙科学・応用研究センター(CSSAR)と呼ばれていたが、2011年に現在の名称となった。

宇宙利用工学技術センター（空間応用工程与技術中心、ＣＳＵ）は、有人宇宙飛行における科学利用に関し、計画、実施、普及利用などの業務を行っている機関である。１９９３年にこの組織の全身（ＧＥＳＳＡ）が設置され、２０１１年に現在の名称となった。

リモートセンシング・デジタル地球学研究所（遥感与数字地球研究所、ＲＡＤＩ）は、人工衛星や航空機を用いたリモートセンシングによる地球観測技術の開発や、リモートセンシングなどで得られるデジタル情報を用いた地球学の研究を行う研究所である。

力学研究所（ＩＭ）は、１９５６年創立の由緒ある研究所であり、中国宇宙開発の父と称される銭学森博士が、１９８４年までの18年間にわたり初代所長を務めている。現在所内に国家微小重力実験室を設置しており、高さ１００メートルの落下実験塔などの実験施設により、地上での微小重力実験を行って、宇宙での微小重力実験の準備をしている。

国家天文台（ＮＡＯＣ）は中国天文学の総本山であり、ＬＡＭＯＳＴ、ＦＡＳＴといった巨大望遠鏡やその他の先進的な施設を有している。前身は１９５８年に設立された北京天文台であり、２００１年に他のいくつかの天文台や観測センターを統合して現在の名称となった。傘下に雲南天文台、南京天文光学技術研究所、新疆天文台、長春人工衛星観測所を有している。中国科学院傘下には、このほか紫金山天文台、上海天文台があり、この国家天文台と緊密な関係を有している。

(5) その他の国務院の機関

科学技術部は科学技術政策立案とトップダウン的な研究資金を配分する機関であるが、その傘下に国家リモートセンシング・センター(国家遥感中心、NRSCC)を擁している。同センターは1981年に設立され、リモートセンシング、測地、航行測位などの研究開発を行うとともに、これらの技術の実用化の促進を進めている。

環境保護部は日本の環境省に相当する部局で、その傘下の衛星環境応用センター(衛星環境応用中心、SEC)は、主にリモートセンシング技術の環境領域での応用や研究開発を行っている。

民政部は日本の旧自治省(現総務省)に近い国務院の部局であり、その傘下にある国家減災センター(国家減災中心、NDRCC)は、災害の被害を減少させることを目的として、衛星などから得られるデータ・情報の管理を行っている。

自然資源部は2018年3月に国土資源部の再編に伴い発足した部で、自然資源の開発、利用、保護などを担当している。自然資源部の業務の一つに測量、地図作製、地質調査があり、部内にあってこの業務を担当しているのが国家図絵地理情報局(国家測絵地理信息局、NASG)である。この国家図絵地理情報局では、高分解能の人工衛星による画像を基に、中国の地図作製業務も行われている。衛星からのデータに基づいて作製された精密な地図は、すでに作製された地図の更新、土地利用計画の立案や都市基盤の整備、農業・水産・林業の振興、環境・防災対策など、これまで以上に幅広い分野での利用が期待できる。自然資源部のもう一つの宇宙関連機関として、国家海洋局(SOA)

がある。国家海洋局は独立した国務院の機関であったが、２０１８年の組織再編に伴い、自然資源部の一組織となった。同局の業務は、海域使用管理、海洋生態環境保護、海洋観測・予報および災害警報などであり、地球観測衛星「海洋」シリーズなどを管理・運用している。

中国気象局の傘下にある国家衛星気象センター（国家衛星気象中心、ＮＳＭＣ）は、中国の気象衛星の開発とその運用を行っている機関である。

３　人民解放軍

中国の人民解放軍は、中国の宇宙開発当初よりその重要な担い手として関与してきた。軍事機密もあるため詳しい情報は公開されていないが、以下に中国の検索サイトなどで公開されている情報を中心に記述する。

（１）中央軍事委員会と人民解放軍

中央軍事委員会は、人民解放軍を指導する機関である。メンバーは主席、副主席、委員により構成され、２０１８年現在、総数７名である。現在の中国には、中国共産党中央軍事委員会と国家中央軍事委員会が形式上あるが、共産党中央軍事委員会は共産党中央委員会によりメンバーが選出され、そのメンバーがそのまま全国人民代表大会（全人代）によって国家中央軍事委員会のメンバーとして選出されるため、実態は同一である。現在の中央軍事委員会の主席は、共産党総書記で国家主席であ

図5　中央軍事委員会・人民解放軍の組織図

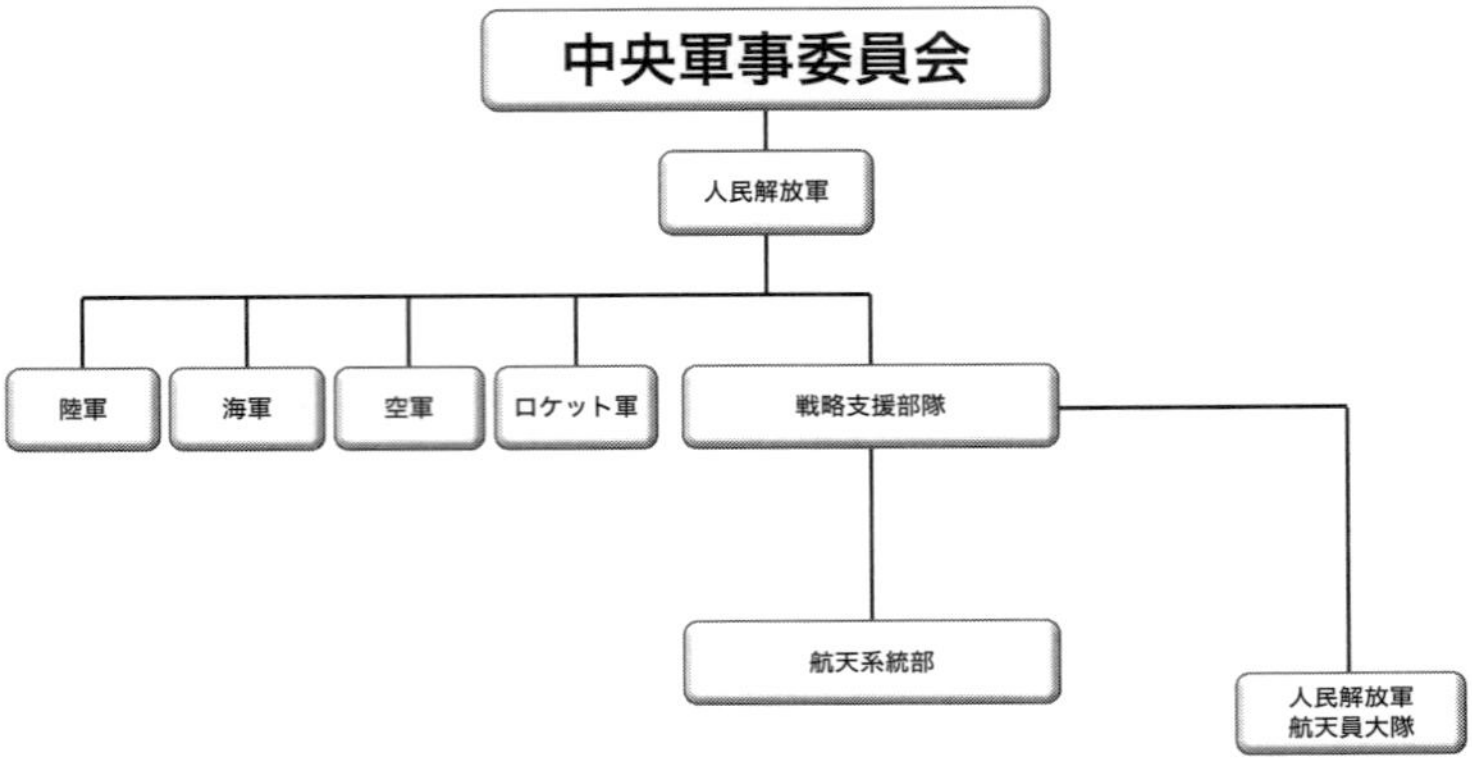

（出典）各種資料に基づき筆者作成

る習近平が兼務している。

中国の憲法に「中国共産党が国家を領導する」と明記され、中国国防法にも「中華人民共和国の武力は中国共産党の領導を受ける」と定められていることから、人民解放軍は事実上の国軍とされ、中国共産党中央軍事委員会は最高軍事指導機関と位置付けられている。

中央軍事委員会の下に人民解放軍がある。人民解放軍の中には、陸、海、空、ロケットの4軍と戦略支援部隊などがあり、このうちで、戦略支援部隊が中国の宇宙開発に深く関与している。以前は、人民解放軍の総装備部が宇宙関連業務を担当していたが、軍事組織の改革が近年行われ、総装備部は装備発展部に改組されるとともに、宇宙開発業務は新たに設置された戦略支援部隊の担当に変更された（図5）。

図６　人民解放軍戦略支援部隊の組織図

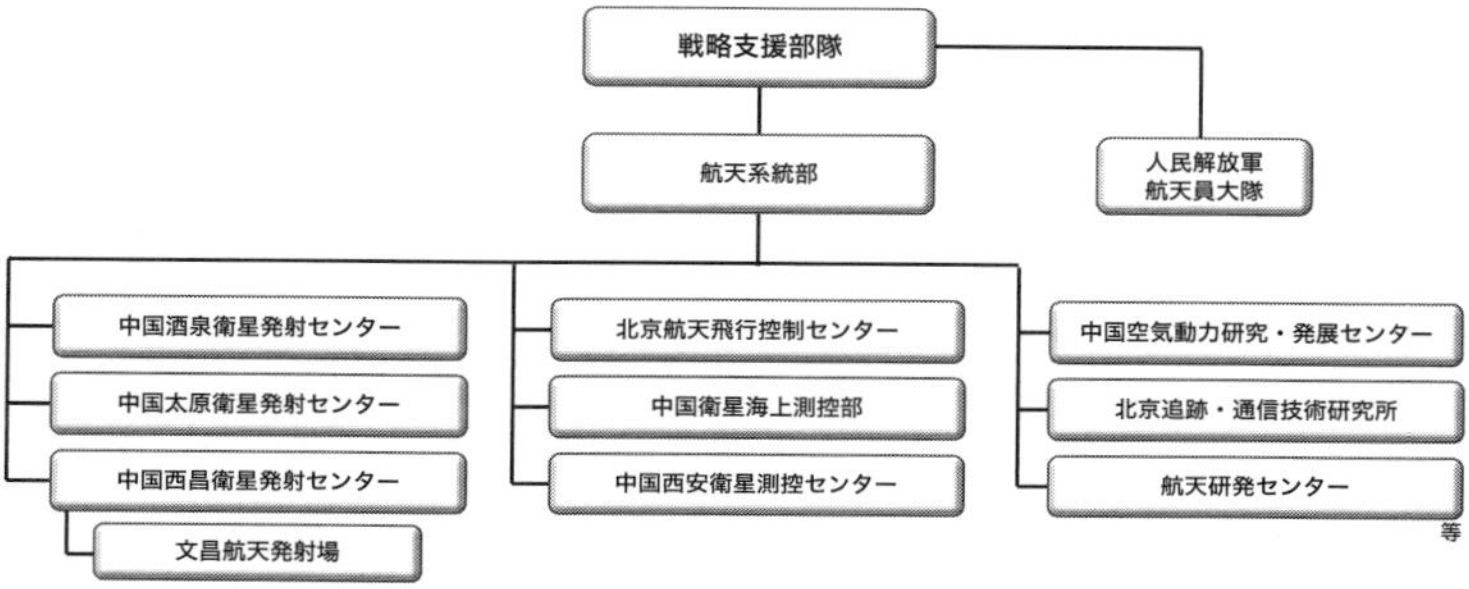

（出典）各種資料に基づき筆者作成

戦略支援部隊の腕章　©百度

(2) 人民解放軍・戦略支援部隊

2015年12月人民解放軍は、軍事組織の改革の一環として「ロケット軍」「戦略支援部隊」などを創設した。「戦略支援部隊」について詳細は明らかにされていないが、国家の安全を守る新しいタイプの作戦組織であり、人民解放軍の中で下支えの性質が強い機能を調整するために創設されたといわれている。宇宙、サイバー空間、無人機など、現代戦に不可欠な分野の後方支援部隊と考えられている（前ページの図6参照）。

初代の司令官には、軍事科学院の院長であった高津中将（当時）が任命された。高津現上将は、1959年江蘇省生まれで、1978年に人民解放軍に入隊し、2011年第2砲兵部隊参謀長、2014年人民解放軍総参謀長補佐などを歴任している生粋の軍人である。

(3) 航天系統部

人民解放軍の中に戦略支援部隊が創設されたのに伴い、総装備部が従来担っていた宇宙開発の業務が、2016年に戦略支援部隊内の組織として設置された航天系統部に移管された。現在、航天系統部が所管している宇宙開発業務は、ロケットの打ち上げ、衛星等の追跡管制、宇宙関連研究開発、宇宙飛行士の養成訓練が主なものである。

現在、航天系統部のヘッド（司令員）は、尚宏中将である。尚宏中将は、1960年山東省生まれで、1982年太原機械学院（現西北大学）を卒業し、酒泉衛星発射センター主任や、総装備部参謀長な

尚宏　航天系統部司令員　©百度

どを務めた後、戦略支援部隊航天系統部発足とともに、司令員に任命された。なお、戦略支援部隊の副司令員も兼務している。

航天系統部のロケット打ち上げ業務を担う組織として、酒泉、太原、西昌の3つの衛星発射センターがあり、西昌センターの下部組織として文昌航天発射場がある。衛星等の追跡管制業務を担う組織として、すでに第2章で述べた中国西安衛星測控センター、北京航天飛行控制センター、中国衛星海上測控部が、さらに宇宙関連研究開発業務を担う組織として、中国空気動力研究・発展センター、北京追跡・通信技術研究所、航天研発センターなどが、この航天系統部の下部組織として設置されている（163ページの図6参照）。

(4) 人民解放軍航天員大隊

航天系統部の下部組織ではなく、戦略支援部隊直轄の組織として人民解放軍航天員大隊がある。航天員とは、中国語で宇宙飛行士のことである。元々中央軍事委員会総装備部の傘下にあったが、2017年に戦略支援部隊の傘下に再編された。

中国の有人飛行計画である神舟計画が1992年にスタートした後、1995年には中央軍事委員会より空軍のパイロットから宇宙飛行士候補者を選定するように指示が出され、適性条件などの検討に入った。その後、宇宙飛行士候補者の選定作業が行われ、14名の隊員よりなる隊として人民解放軍航天員大隊が1998年1月に発足した。その後2003年10月には、楊利偉宇宙飛行士が神舟5号により中国で初めての有人宇宙飛行に成功するが、それ以降合計11名が宇宙飛行を行っている。

4　中国航天科技集団有限公司

国家国防科技工業局（SASTIND）は、中国航天科技集団有限公司（China Aerospace Science and Technology Corporation：CASC）と後述する中国航天科工集団有限公司（CASIC）という、2つの国有企業を所管している（154ページの図4参照）。元々は政府の部局であったが、1999年7月の組織改革により2つの公司として独立した。

まず、中国航天科技集団有限公司であるが、同社は中国の宇宙開発計画における中心企業であり、打ち上げロケット、人工衛星、宇宙船などの設計・開発および製造を行うとともに、ミサイルシステム、地上機器などの国防関連機器の設計・開発および製造も行っている。さらに、機械、化学工業、電気通信機器、輸送手段、コンピュータなどの民需産業において、多くの高品質な製品を生産してい

雷凡培　中国航天科技集団有限公司董事長　©百度

る。また国際市場において商用衛星発射のサービスも提供している。

中国航天科技集団有限公司は、本部が北京市海淀区阜成路16号にあり、国家国防科技工業局や国家航天局などが所在する中国航天ビルに隣接している。同社は傘下に、8つの科学研究・生産連合体（研究院と呼ぶ）、10の事業会社、7つの直属組織、12の民需上場企業を有しており、総資産額は2千940億元（2013年末）、職員数は17万人に達する。中国の2016年版の大企業500社リストの第80位にある。

中国航天科技集団有限公司の現在のトップは、雷凡培董事長である。雷凡培董事長は、1963年陝西省生まれで、1987年に西北工業大学を卒業後、同社の前身である中国航天工業総公司傘下の研究所で設計などの業務に携わり、工学博士も取得している。2005年に中国航天科技集団有限公司副総経理、2013年に総経理、2014年より董事長を務めて

図７　中国航天科技集団有限公司の組織図

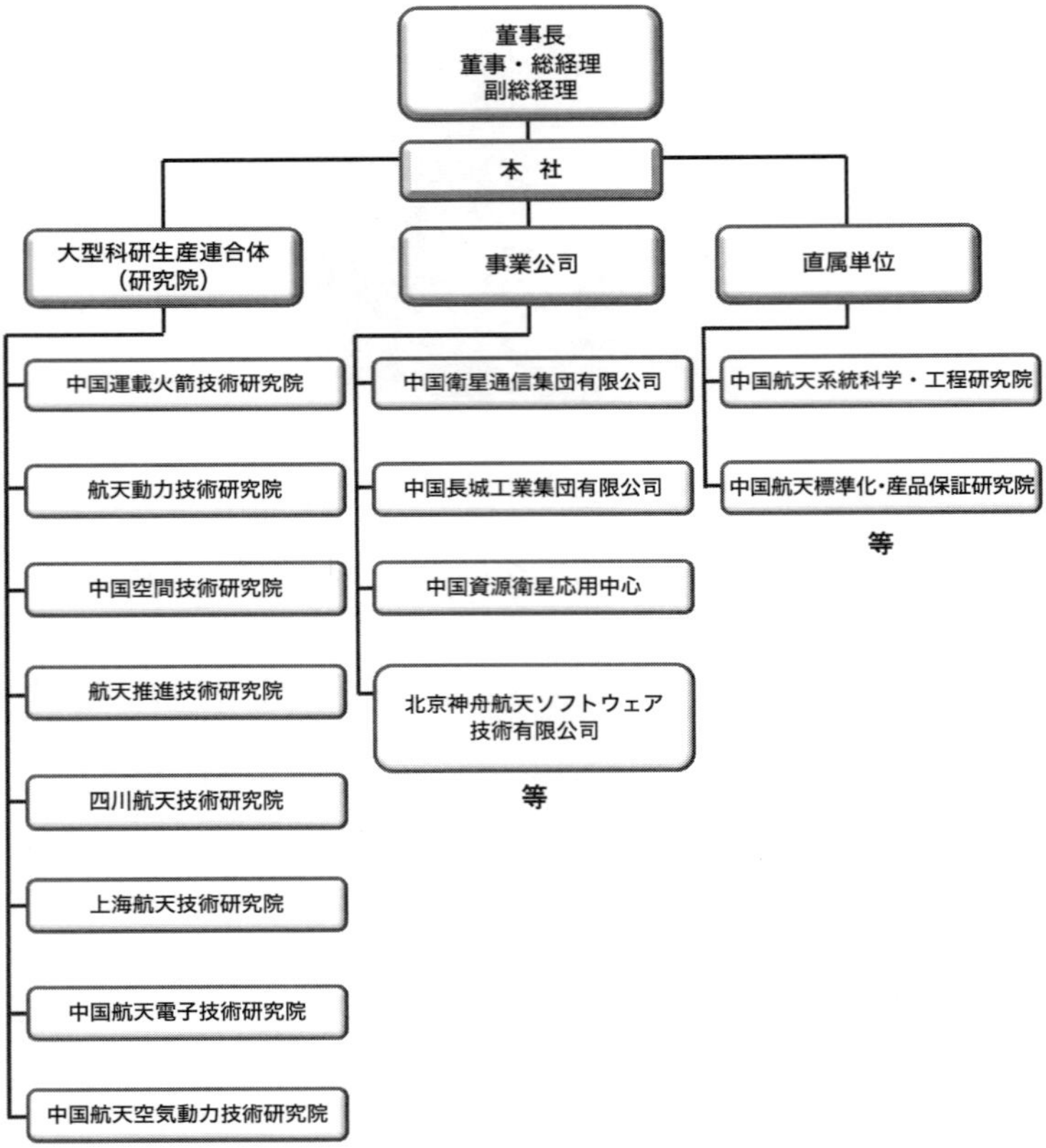

（出典）中国航天科技集団有限公司HPに基づき筆者作成

いる。

中国航天科技集団有限公司の組織図は前ページの図7のとおりである。このうちで、主だった組織を簡単に紹介する。

(1) 中国運載火箭技術研究院

中国運載火箭技術研究院（China Academy of Launch Vehicle Technology：CALT）は、ミサイルの研究、開発、設計、試作などを目的として1957年に国防部に設置された第五研究院を起源とする組織である。初代の院長は銭学森博士である。

この研究院の名称にある「運載」とは運搬を、「火箭」とはロケットを、それぞれ意味している。同研究院は、液体燃料によるミサイルやロケットの研究開発を一貫して担う組織であり、長征シリーズの開発、製造の主体である。2015年末で職員数は3万1千600人に上り、うち博士取得者は1千人、修士取得者は5千500人に達する。本部は北京市豊台区東高地南街で、北京の中心部である天安門広場の約10キロメートル南に位置する。

(2) 航天動力技術研究院

航天動力技術研究院は、1962年国防部第五研究院（現中国運載火箭技術研究院で前項参照）内に設置された固体エンジン研究所が前身である。当初は北京にあったが、現在は陝西省西安にある。固体燃料ロケット・エンジンの研究・開発を行っており、ロケットとミサイルに使用される70余種の固体エンジンを開発している。傘下に6つの研究所、2つの生産工場、18の会社を持ち、職員数は1万2千人に上る。

(3) 中国空間技術研究院

中国空間技術研究院(China Academy of Space Technology：CAST)は、宇宙技術開発や人工衛星などの宇宙装置の設計開発を目的として、1968年に設置された。1970年に中国初の人工衛星である東方紅1号の設計開発を行って以来、現在までに200機に上る人工衛星や宇宙船を開発製造してきている。有人宇宙船の神舟をはじめとして、航行測位衛星の北斗シリーズ、月探査機の嫦娥シリーズなどが、この研究院で製作されている。

2015年末で、職員数は2万7千人に上る。本部は北京にあり、さらに北京、天津、陝西省西安、陝西省蘭州、山東省煙台、広東省深圳、内モンゴルなどに製造基地を持っており、システム設計から機器部品等の生産、組立て、環境試験などを行っている。

(4) 航天推進技術研究院

航天推進技術研究院は、1965年に設立された第七機械工業部の067基地を前身としており、当初は陝西省鳳県に置かれたが、1995年に西安市に移動した。大型液体燃料ロケット・エンジンの研究から開発・生産、試験までを行い、これまで50余のエンジンを開発している。

(5) 上海航天技術研究院

上海航天技術研究院(Shanhai Academy of Spaceflight Technology：SAST)は1961年8月に上海市第二機電工業局として設立された宇宙機関であり、第八研究院、八院とも呼ばれる。同研究院はロケットや人工衛星の開発、特に長征6号シリーズの開発を行っている。2015年末で職員数は1万9千人である。

(6) 中国衛星通信集団有限公司

中国衛星通信集団有限公司(China Satellite Communications Co. Ltd.：China Satcom)は2001年12月に設立され、それまでの実用通信衛星のシリーズ「中星」の運用を引き継ぎ中国の6大通信企業の一つに数えられていたが、工業・情報化部(MIIT)の再編方針に基づき、2009年に通信企業が3社(中国電信、中国移動、中国聯通)に統合化された際、同社の基礎電気通信部門は中国電信に吸収され、衛星通信部門は中国航天科技集団有限公司の子会社となって存続した。同社は、現在15個の静止通信衛星を所有し、中国全土、オーストラリア、東南アジア、中東、欧州、アフリカなどをサービスエリアとして、固定局間通信、移動体衛星通信、テレビ放送などを行っている。

（7）中国長城工業集団有限公司

中国長城工業集団有限公司（China Great Wall Industry Corporation：CGWIC）は、中国の商用衛星打ち上げサービスへの参入を目指し、対外交渉・契約にあたる組織として1980年に設立された。中国運載火箭技術研究院、中国空間技術研究院、上海航天技術研究院などをパートナーとして、外国との契約交渉にあたっている。

5　中国航天科工集団有限公司

中国航天科工集団有限公司（China Aerospace Science and Industry Corporation：CASIC）は、1999年の組織改革で前述の中国航天科技集団有限公司とともに国家国防科技工業局の傘下に設立された国有企業であり、当初は中国航天機電集団公司という名称であったが、2001年に現在の名称となった。

中国航天科工集団有限公司は、「科学技術により軍を強化し、宇宙開発により国に報いる（科技強軍、航天報国）」を使命とし、国防産業の科学技術の中核として、国防ミサイルシステム、固体ロケット、宇宙関連装備品の開発を行う企業である。

中国航天科工集団有限公司は、本部が北京市海淀区阜成路甲8号にあり、国家国防科技工業局および国家航天局と同じ中国航天ビル内にある。また、前記の中国航天科技集団有限公司の本部と隣り合っている。同社の傘下に6つの科学研究・生産連合体（研究院と呼ぶ）、10の事業会社、2つの直

図８　中国航天科工集団有限公司の組織図

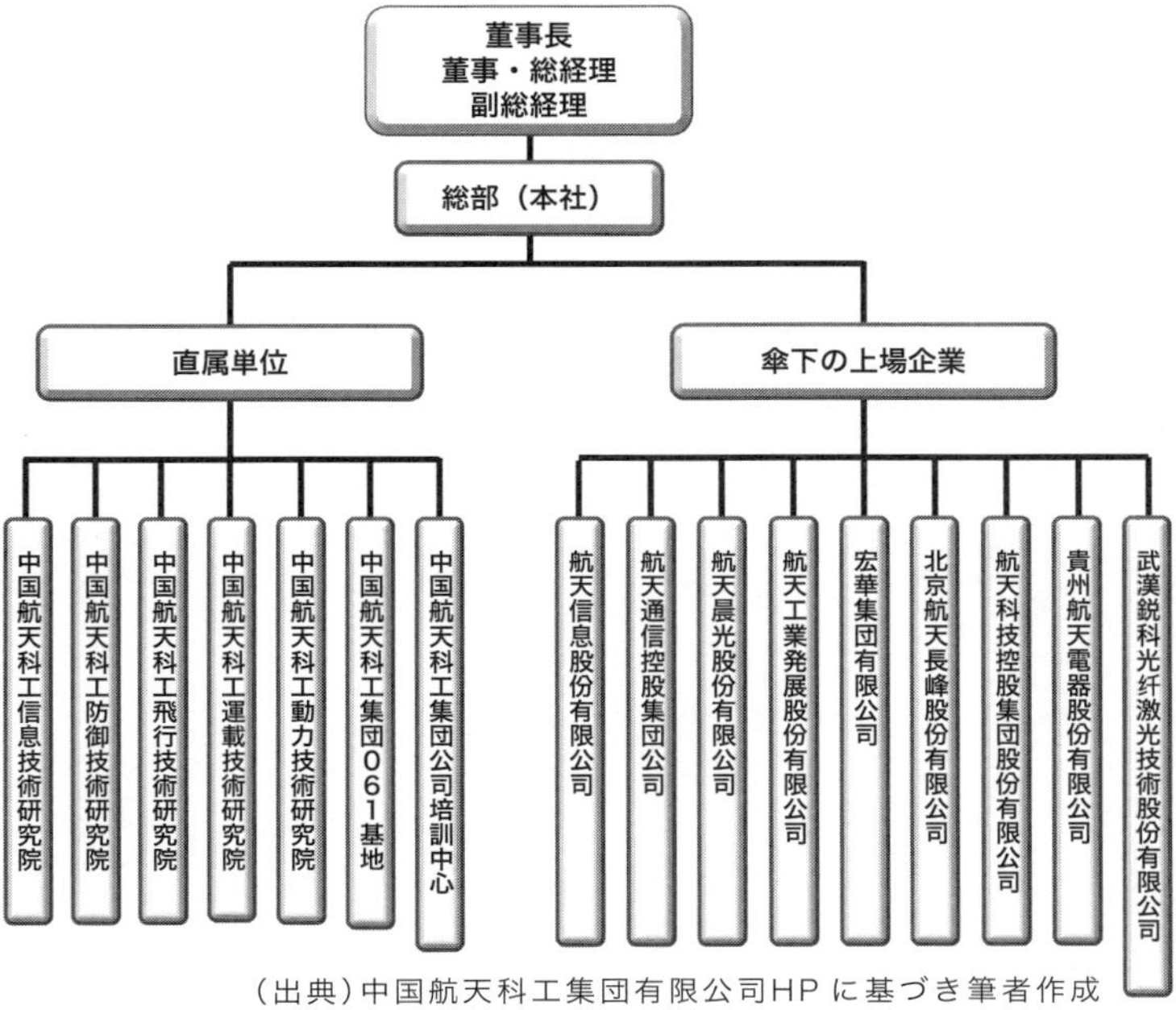

（出典）中国航天科工集団有限公司HPに基づき筆者作成

属組織、７つの上場企業を有しており、職員数は14万人に達する。中国の２０１６年版の大企業５００社リストの第91位にある。

　中国航天科工集団有限公司の現在のトップは、高紅衛董事長である。高紅衛董事長は、１９５６年湖北省生まれで、１９８０年に清華大学を卒業後、２００５年に中国航天科技集団有限公司副総経理、２０１３年に総経理、２０１４年より董事長を務めている。

　中国航天科技集団有限公司の組織は図８のとおりである。このうちで、主だった組織を簡単に紹介する。

(1) 中国航天科工信息技術研究院

小型衛星や衛星の応用技術、特にＧＰＳ（全地球測位システム）応用技術の高度化と産業化を主要任務とする。

(2) 中国航天科工防御技術研究院

中国長峰機電技術研究院設計院とも称し、宇宙飛行物体のコントロール、制御、追跡関連設備、その他測量、地上設備等の研究・開発を行っている。

(3) 中国航天科工飛行技術研究院

中国海鷹機電技術研究院とも称し、ミサイルの研究・設計・製造等を行っている。ミサイルについては20種類ほどを製作しているという。

(4) 中国航天科工動力技術研究院

航天科工集団有限公司第6研究院、あるいは中国河西化工機械公司とも称し、50種類の戦略・戦術ミサイルやロケットの固体燃料エンジンを製造している。

6　宇宙開発資金の国際比較

組織は立派であっても、それを運用する資金がなければ、宇宙開発は順調に進まない。ここで、宇宙開発主要国がどの程度の予算を有しているかを見たい。少し古いが、２０１４年に日本の内閣府が作成したデータでは、次のとおりとなっている。

①米　国　ＮＡＳＡと国防総省を合わせ約４・５兆円
②欧　州　ＥＳＡだけで約７千億円
③ロシア　約３千億円（推計）
④日　本　約３千億円
⑤中　国　約２千億円（推計）

このように、米国が圧倒的であり、欧州、ロシア、日本、中国と続いている。しかし、中国の場合には軍事目的のものが入っていない可能性が高く、また人民解放軍が担当している打ち上げ業務、追跡管制業務、有人飛行業務などは他の宇宙主要国と違ってコストに算定されていない。現在の中国の宇宙活動の活発さを見れば、米国には劣るものの欧州を超えた資金が宇宙開発に投入されていると考えるのが妥当であろう。

11章 国際協力

宇宙開発では冷戦下での米ソによる激しい競争が有名であり、現在でも宇宙大国である米国、ロシア、中国などは軍事利用を中心にしのぎを削っている。他方、地球近傍の限られた空間における宇宙の平和利用や、月や太陽系惑星などの科学探査においては、従来から積極的に国際協力が進められてきた。ここでは、中国も参加する国際協力の枠組みを中心に世界的な動きを見たうえで、中国が主体となっている国際協力を述べる。

1　国際連合での宇宙国際協力

スプートニクが打ち上げられた直後の1958年に、国際連合の暫定的な組織として「国際連合宇宙空間平和利用委員会（United Nations Committee on the Peaceful Uses of Outer Space : COPUOS）」が設置され、翌年の国連決議により常設委員会となった。この委員会の任務は、「宇宙空間の研究に対する援助、情報の交換、宇宙空間の平和利用のための実際的方法および法律問題の検討を行い、これらの活動の報告を国連総会に提出すること」であり、傘下に科学技術小委員会と法律小委員会が設置されている。

COPUOSの業務を支える実務機関として、1958年国際連合内に、国連宇宙局（United Nations Office for Outer Space Affairs : UNOOSA）が設置され、国連総会およびCOPUOSの決議に則り、宇宙開発に関する国際的な法的業務の実施や発展途上国の宇宙開発技術の支援を行っている。現在、本部はオーストリアのウィーンに所在している。

2　宇宙関連の国際条約・協定

ＣＯＰＵＯＳは、以下の５つの条約および協定を監督している。

・宇宙条約
・宇宙救助返還協定
・宇宙損害責任条約
・宇宙物体登録条約
・月協定

このうち月協定を除いた他の条約・協定には、米国、ロシア、欧州主要国、中国、日本など宇宙活動を行っている主要国はすべて加盟している。以下、これらの条約・協定を簡単に説明する。

(1)　宇宙条約

正式名称は、「月その他の天体を含む宇宙空間の探査および利用における国家活動を律する原則に関する条約」である。各国の宇宙活動の基礎となる条約であり、宇宙空間における探査と利用の自由、宇宙空間の領有の禁止、宇宙平和利用の原則、国家への責任集中原則などが定められている。１９６７年10月に発効している。

（2）宇宙救助返還協定

正式名称は、「宇宙飛行士の救助および送還並びに宇宙空間に打ち上げられた物体の返還に関する協定」で、宇宙条約の規定を具体化したものである。1968年12月に発効しており、宇宙飛行士が事故等により自国以外の場所に着陸をした場合における宇宙飛行士の救助、宇宙飛行士の打ち上げ国への安全かつ迅速な送還、宇宙船等の宇宙物体の打ち上げ国への返還などを定めている。

（3）宇宙損害責任条約

正式名称は、「宇宙物体により引き起こされる損害についての国際的責任に関する条約」であり、宇宙条約の規定を具体化したものである。1972年9月に発効しており、打ち上げ国が宇宙物体によって何らかの損害を引き起こした場合、打ち上げ国は無限で無過失の責任を負うことを定めている。

（4）宇宙物体登録条約

正式名称は、「宇宙空間に打ち上げられた物体の登録に関する条約」である。1975年9月に発効しており、宇宙物体の打ち上げ国に対し登録簿への記載、国際連合事務総長への情報提供を義務付けている。

(5) 月協定

正式名称は、「月その他の天体における国家活動を律する協定」である。月や惑星などの天体の探査に対する報告の義務付けや、個人や企業も含めて土地・資源の所有権の否定などを定めている。1984年に発効しているが、米国、ロシア、中国、日本などの主要宇宙開発国が批准しておらず、死文化しているといわれている。

3 中国の宇宙国際協力

(1) 基本的な立場

中国にとって、宇宙開発を進めるにあたり、国際協力は極めて重要な手段であった。これは、元々初期の米ソによる宇宙開発の時期が、大躍進政策や文化大革命などの混乱期であったことから、世界的な宇宙競争参入が大きく遅れたことにある。両弾一星政策は毛沢東による国の威信をかけた重要な政策であったが、この政策も米ソ冷戦構造下でのソ連の技術的な援助なしには成し得なかった。米国など西側諸国との国交正常化を成し遂げ文化大革命が終了した時点では、米国のアポロ計画による人間の月着陸もすでに終了しており、米ソの宇宙大国からは相当の距離があった。そこから中国の宇宙大国への挑戦が始まるのであるが、基本的には米ソなどへのキャッチアップが中心であり、宇宙開発先進国との協力は必要不可欠なものであった。

中国は、国際連合による宇宙協力に積極的に参加するとともに、主要国が加盟している宇宙関連条約や協定にも積極的に参加している。また、かつてはソ連（ロシア）、現在ではそれに加えて欧州、アジア、アフリカ、南アメリカなどの国々と二国間の協力を積極的に進めている。特に、習近平政権となってからは、一帯一路といった国の基本的な政策との連動を強化している。

(2) 二国間での協力

二国間協力の相手として最初に挙げる必要がある国は、旧ソ連、現在のロシアである。中国はソ連から供与されたR－2ミサイルをリバースエンジニアリングして複製することにより、1960年に初めての「東風1号」ミサイルを打ち上げている。またソ連崩壊後の1990年代初頭、中国は経済的混乱期にあったロシアと交渉し、ソユーズ宇宙船の技術の提供を受けている。現在でも両国の協力委員会が定期的に開かれ、深宇宙探査、有人宇宙飛行、地球観測、衛星航行測位などの分野での協力が進められている。

ＥＳＡは複数の国がメンバーである地域連合であるが、便宜的に二国間の協力としてここで述べると、2003年から開始された世界各国の地球観測データを利用して解析や応用研究を行うドラゴン計画が順調に進められており、2016年からはドラゴン計画第4期に入った。また、地磁気の観測を行う衛星を双方で打ち上げ観測結果を分析する双星計画も、順調に実施された。一方、欧州側が中国に出資を求めていた航行測位システム「ガリレオ」計画は、欧州側が独自のシステムを目指し、中国側も独自の北斗システムを構築することとなったため、中国側は撤退している。今後とも、中欧宇宙協力委員会の下で、深宇宙探査、宇宙科学、地球観測、スペースデブリ、教育訓練などの協力が展開されることになる。

ブラジルとの宇宙協力の歴史は長く、1988年に資源探査衛星にかかわる協定の締結に始まる。中国航天科技集団有限公司傘下の中国空間技術研究院（CAST）とブラジル国立宇宙研究所（INPE）が共同で開発した、資源探査衛星CBERS1号は、1999年に打ち上げられた。その後、2003年、2007年、2014年と、これまでに4機打ち上げられ、国土・林業・水利・農業・環境保護分野などの観測・計画・管理に利用されている。

そのほか、フランス、イタリア、英国、ドイツ、オランダ、ベルギーなどの欧州主要国は、ESAの枠組みに加えて、リモートセンシングや宇宙科学などの分野で、独自に中国との協力を行っている。

一方米国は、安全保障の観点から中国との協力に極めて消極的であるが、それでも中米経済対話の枠組みなどの下で、スペースデブリや地球規模の気候変動についての意見交換を行っている。

これらのほか中国は、アルジェリア、アルゼンチン、インド、インドネシア、カザフスタン等の国と宇宙協力協定に署名し、二国間協力のメカニズムを作り、宇宙技術・宇宙応用・宇宙科学・教育訓練などの領域で交流と協力を実施している。

(3) 一帯一路政策

習近平政権は、宇宙開発と一帯一路政策によるインフラ建設とを連携させ、一帯一路政策に関連する諸国と良好な政府間・ビジネス協力の枠組みを構築しようとしている。

中国は、南アジア、アフリカ、欧州、アメリカ大陸などの地域において、グローバルな固定通信、モバイル通信、データ中継などの衛星通信サービス体制を構築している。また、インドネシア、ラオス、タイなどで、中国の気象衛星シリーズである風雲シリーズ衛星のデータ受信および分配システムを構築し、一帯一路沿線諸国の気象観測、災害予防・防止などの総合力強化に貢献している。さらに、航行測位分野においては、北斗システムの構築を進め、現在数メートルであるＡＳＥＡＮ諸国などの低緯度地域での測位精度を、大幅に向上させることを目指している。

このように、習近平政権の一大プロジェクトである一帯一路政策において、中国の宇宙関連部局は一体となって、その達成に貢献しようとしている。

(4) 外国衛星の打ち上げ

中国は１９９０年代から外国衛星の打ち上げを商業的に行っており、２０１７年末までの打ち上げ数は50機（低軌道衛星14機、極軌道衛星15機、静止衛星21機）に達している。表14のデータは、辻野照久氏が作成したものであり、打ち上げ失敗も入っている。

このデータを見る限りにおいて、中国の打ち上げサービスは国際競争力が高く、東南アジア、南米、

表14　中国が打ち上げを受託した国等と衛星機種／機数

	打ち上げ委託国等	衛星機種／機数
①	香港（英国領時代）	静止衛星／5機
②	パキスタン	低軌道衛星／1機、静止衛星／1機
③	オーストラリア	静止衛星／3機
④	スウェーデン	低軌道衛星／1機
⑤	米国	静止衛星／1機、低軌道衛星／12機
⑥	インテルサット	静止衛星／1機
⑦	フィリピン	静止衛星／1機
⑧	ブラジル	極軌道衛星／1機
⑨	ナイジェリア	静止衛星／2機
⑩	ベネズエラ	静止衛星／1機、極軌道衛星／2機
⑪	インドネシア	静止衛星／1機
⑫	ユーテルサット	静止衛星／1機
⑬	ルクセンブルク	極軌道衛星／1機
⑭	トルコ	極軌道衛星／2機
⑮	アルゼンチン	極軌道衛星／6機
⑯	エクアドル	極軌道衛星／1機
⑰	ボリビア	静止衛星／1機
⑱	ポーランド	極軌道衛星／1機
⑲	ラオス	静止衛星／1機
⑳	ベラルーシ	静止衛星／1機
㉑	スペイン	極軌道衛星／1機
㉒	アルジェリア	静止衛星／1機

（出典）各種資料に基づき辻野照久氏作成

欧州の小国が主な顧客となっている。また米国は、軍事上の機密を有する衛星は別として、機密性の低い衛星の打ち上げを中国に比較的多く委託していることが判る。

(5) APSCOとAPRSAF

アジア太平洋地域における宇宙開発協力については、中国と日本がそれぞれ異なる体制を構築している。

まず中国が主導するアジア太平洋宇宙協力機構 (Asia-Pacific Space Cooperation Organization : APSCO) であるが、前身となったのは1992年の中国、パキスタンおよびタイの覚書によって開始されたアジア太平洋宇宙技術応用・多国間協力会議 (AP-MCSTA) である。その後、この会議で実施されていた協力をより確かなものとするため、アジア太平洋地域諸国が宇宙技術とその平和的応用分野の交流・協力を推進し、地域経済・社会発展と共同の繁栄をはかることを目的とした連合宇宙機関が必要であるとの認識の下、2005年に、北京において中国、パキスタン、イラン、タイ、バングラデシュ、モンゴル、ペルーによってAPSCO条約が署名され、加盟国の国内批准等を経て、2008年12月に発足した。その後、トルコが加盟し8か国となった。インドネシアは署名したものの国会承認が得られていない。APSCOの本部は中国北京にあり、事務局長は中国の李新軍博士であり、職員数は20名前後といわれている。

一方日本が主導しているのが、アジア・太平洋地域宇宙機関会議 (Asia-Pacific Regional Space

Agency Forum：APRSAF）である。１９９2年に開催されたアジア太平洋国際宇宙年会議の閉会宣言において、日本がこのＡＰＲＳＡＦの開催を提案し、翌１９９３年より日本政府とＪＡＸＡおよびホスト国の宇宙機関の共催により年次会合を開催している。直近では、第24回年次会合が、２０１７年11月にインドのベンガルールで開催された。

これまで40を超える国と地域、多くの国際機関等からの参加を得て、同地域の宇宙分野での国際協力を具体的に検討する場として活用されている。40の国には、中国やＡＰＳＣＯに参加しているパキスタン、タイ、バングラデシュ、モンゴル、トルコも参加しており、さらに欧州のドイツ、英国、フランス、および米国も参加している。

現在は４つの分科会（宇宙利用・宇宙技術・宇宙環境利用・宇宙教育）を置き、それぞれの分野における各国の宇宙活動や将来計画に関する情報交換を行うとともに、災害や環境など地域共有の課題解決に向けた国際協力プロジェクトを立ち上げ、具体的な協力活動を行っている。

4　将来の国際協力の可能性

現在のところ中国の国際協力は、低コストを武器とする人工衛星の打ち上げサービスは順調であるものの、米国、ロシア、欧州などの宇宙開発先進国と比較してそれほど活発ではない。地域協力で見ても、中国主導のＡＰＳＣＯは協力内容が十分に伴っているといえず、日本主導のＡＰＲＳＡＦに後塵を拝している。

しかし、宇宙開発を行っている他の主要国は、米国、ロシア、欧州、日本などいずれの国においても開発資金の捻出に苦労しており、年々開発資金が大幅に増加しているのは中国だけである。また中国は、人民解放軍や国営企業を中心に膨大な人的資源を有している。したがって、習近平政権の一帯一路政策に沿って、中国の宇宙開発の巨大な人的、資金的な資源が一帯一路諸国のインフラ整備の名目で地球観測衛星、航行測位衛星、気象衛星、通信衛星などに振り向けられ、それらが一帯一路諸国も利用できるように枠組みが構築されると、状況が大きく変化していく可能性がある。

さらに、中国が現在計画している中国独自の宇宙ステーション計画「天宮」も、この一帯一路政策の外交的な手段として用いられる可能性が高い。中国独自の宇宙ステーションは、現在中国の国威発揚の面が強いが、いったん構築されるとこの利用を国際的に開放していく可能性が高い。その場合、すでに長期間にわたって国際宇宙ステーションを建設・運営してきた米国、ロシア、日本、欧州などの国々よりも、これまで宇宙での有人活動に関与できなかったアジア、中東、アフリカなどの国々が大きな関心を示すと考えられる。例えば、これらの国々の人々を宇宙飛行士の訓練を施したうえで、中国の宇宙ステーションへの搭乗機会を与えるのである。かつてソ連（ロシア）は宇宙開発の資金稼ぎのために外国人の搭乗を進めていたが、中国の場合には経済成長が続いているため宇宙開発資金は潤沢にあり、むしろ相手国に対するサービス供与を実施し得る。したがって、一帯一路政策の後押しがあれば、東南アジア、中央アジアなどのこれまで宇宙飛行士が誕生していない国々への大きな外交手段となり得ることを認識しておく必要がある。

12章

国別宇宙技術力比較

以上のような宇宙開発主要国と中国の宇宙活動を踏まえ、それぞれの国の宇宙技術力を比較してみたい。

1　直近の技術力比較

ＪＳＴ報告書に基づき、これまで第2章から第9章までで述べてきた各分野の技術力評価を、２０１５年時点で総合したものが次ページの表15である。米国は４つの分野すべてにおいて、圧倒的な技術力を示している。欧州がそれに続くが、差はかなりある。ロシアは強い分野と弱い分野が混在しており、総合的には欧州より技術力が低いとの結果になっている。日本と中国はほぼ互角との評価になっている。

2　技術力比較の推移

表16に示したのは、２０１５年だけではなく過去3回分の評価結果をまとめたものである。詳細はＣＲＤＳのＷｅｂサイト上で公表されている報告書を御覧いただきたい。４つの分野の分け方は3回とも同様であるが、それぞれの分野で評価している技術項目が若干違っている。ただ大筋が変化しているわけではないので経年的な変化を見ることは可能であると考える。その前提に立ってこの表を見ると、やはり米国の強さが際立っており、欧州とロシアが2位を争っている。中国は急激に技術力を向上させており、現時点では日本とほぼ互角である。

表15　国別宇宙技術力比較　評価結果（2015年版）

評価項目	満点	中国	米国	ロシア	欧州	日本
宇宙輸送分野	30	22	27	25.5	23.5	18
宇宙利用分野	30	16	28	15	24.5	17
宇宙科学分野	20	2	20	4	9.5	7.5
有人宇宙分野	20	11.5	19	17	10	10.5
合計	100	51.5	94	61.5	67.5	53

（出典）『世界の宇宙技術力比較（2015年度）』を基に作成

表16　国別宇宙技術力比較　評価結果

評価時点	満点	中国	米国	ロシア	欧州	日本
2011年	100	44	95	65	65	53
2013年	100	49	95	59	70	52
2015年	100	51.5	94	61.5	67.5	53

（出典）『世界の宇宙技術力比較（2011年度）』、『世界の宇宙技術力比較（2013年度）』、『世界の宇宙技術力比較（2015年度）』を基に作成

3　2016年以降の主な進展

本書のベースとしたＪＳＴ報告書は、２０１５年末までの各国の宇宙活動を基に技術評価をしているが、その後の各国の宇宙活動の進展を受けて技術評価に変化が見られるかどうかを分析したい。

(1) 各国の宇宙活動状況

各国の宇宙開発のアクティビティを考える場合に指標となるのは、どの程度ロケットを打ち上げて成功しているかである。次ページの表17は、２０１６年初めから２０１７年末までの2年間に、主要国がどの程度ロケット打ち上げを行い、どの程度成功したかを示す表である。これによれば、打ち上げ失敗も少し目立つものの、中国の打ち上げ数はすでにロシアを抜いてお

表17　各国のロケット打ち上げ（2016年～2017年末）

打ち上げ国	中国	米国	ロシア	欧州	日本
打ち上げ数	40	50	39	22	10
打ち上げ失敗数	3	0	2	0	0
成功率（%）	92.5	100	94.9	100	100

（出典）各種資料に基づき辻野輝久氏作成

り、米国に次いで世界第2位の地位にある。

（2）各国の主な宇宙開発成果

以下に、2016年から2018年6月までの2年半に達成した各国の主な宇宙開発成果を、国ごとに列記する。

①中国
・新系列の「長征7号」ロケットおよび「長征5号」ロケットの初打ち上げ成功
・中国文昌航天発射場（海南島）の運用開始
・量子通信衛星「墨子」の打ち上げ
・天宮2号と神舟11号の打ち上げ、両者のドッキング
・嫦娥4号をサポートするデータ中継通信衛星「鵲橋」の打ち上げ

②米国
・スペースX社の再使用型の「ファルコン9」ロケットの開発の進展

③ロシア
・ボストーチヌイ射場（シベリア東部の新射場）の運用開始

④欧州

・航行測位システムガリレオの初期運用体制の確立

⑤日本

・みちびきシステムの構築

・はやぶさ2号の小惑星「リュウグウ（162173 Ryugu）」接近

（3）2015年評価の補正

前記のロケット打ち上げ数や主な達成成果を勘案して、2018年6月時点での各国の技術力を推定すると、米国では達成成果としてスペースX社しか挙がっていないが、打ち上げ数がきちんと確保されており防衛目的などの公表されていないものがあることなどを勘案すると、世界一の座は変わらない。欧州やロシアは、それなりにロケットの打ち上げが実施されているものの、あまり目立った達成実績がない。日本は、打ち上げ数が他の国々と比較すると少なく、また達成成果もそれほど大きくない。これに比較して中国は、打ち上げ数で米国に次いでおり、ここ2年の達成成果もバラエティに富んでいる。

したがって、以上のような状況を勘案すれば、中国は2015年ＪＳＴ報告書の技術力と比較して進展があったと想定され、米国には及ばないが、日本を追い抜いて欧州、ロシアに近づきつつあると考えられる。

4　各国の状況

上記の総合的な評価を踏まえて、各国の状況を概観する。

(1) 米国

上記の評価結果でも明らかであるが、米国は宇宙開発の技術力において世界一であり、当分この座は揺らがないと思われる。

米国の強さの理由として、これまでの宇宙開発の蓄積をまず挙げる必要がある。旧ソ連によるスプートニクの打ち上げやガガーリンの初有人宇宙飛行などで屈辱的な敗北を味わった米国は、国家の威信をかけたアポロ計画などにより宇宙開発を進め、ソ連を完全に圧倒した。人工衛星を用いた宇宙利用においても、通信放送、航行測位、気象観測、地球観測などのあらゆる分野でその先鞭をつけている。さらに各国がほとんど行っていない太陽系外惑星などの探査や、高性能なハッブル望遠鏡を宇宙に据えるという画期的な手段で、世界の宇宙科学をけん引してきている。

宇宙開発への研究開発資金の豊富なことも、米国の強さの源泉である。今から50年ほど前に、現在でもその大きさで超えるもののないサターンV型ロケットを開発し、それにより人類を初めて月に届けたアポロ計画の予算は、当時の米国の国家予算の約1割であったといわれるほど巨大であった。アポロ計画が終了し、現在は宇宙予算が減少しているが、それでもロシア、欧州、中国、日本などと比較して世界一の規模を誇っている。

米国の強さは、斬新なアイディアを産み出しそれを実現させる宇宙開発システムにもある。米国は、これまでの宇宙開発で数々のユニークな試みを実施してきた。典型的な例がスペースシャトルの開発である。再使用と往還というハードルが極めて高い技術開発に敢然と挑み、それを達成したところに米国の真骨頂がある。ただスペースシャトルについては、事故のため犠牲者が出たことや打ち上げコストが高騰したことなどにより放棄せざるを得なかったが、それでも宇宙における技術開発の試みとしては極めて重要な一歩となっている。地球を回る軌道に大きな望遠鏡を置いて宇宙の謎に迫るというハッブル望遠鏡も、アイディアの斬新さの一つであろう。１９９０年に打ち上げられ、地球を取り巻く大気の影響を受けずに撮影された宇宙の姿に、多くの科学者や天体マニアは圧倒された。近年では、イーロン・マスク氏率いるスペースX社によるロケットの開発も、米国ならではのユニークさである。

安全保障を国家の任務の最重要事項と考え、この安全保障を強化する科学技術に対してあらゆる努力を傾注するということも、米国の強さの一つである。ＮＡＳＡが米国の宇宙開発を統括しているが、宇宙の利用サイドの機関として国防総省は極めて重要な位置を占めており、さらに自らも研究開発の一部を担っている。航行測位を先導するＧＰＳは、米軍により開発されたことがその典型であろう。

最後に挙げておく必要があるのは、米国の科学技術や産業技術レベルの全般的な高さであろう。ロケット開発や人工衛星、宇宙船、探査機などを開発する場合には、設計力の高度さと合わせ、必要な部品やシステム、ソフトウエアなどの調達が重要となる。米国は、50年前に人類を月に送るだけの技術基盤を持ち、その後も軍民両用で宇宙の技術開発を進めてきている。また、一般産業においてもＩＴを中心に世界の先頭を走っている。この技術力の強さが米国の宇宙開発を支えているのである。

(2) ロシア（旧ソ連）

旧ソ連は、宇宙開発の先鞭を付けた国であり、その後も宇宙開発のいくつかの場面で米国を凌駕した実績も有している。しかし、米ソ間の過度な宇宙開発競争もあってソ連が崩壊し、その余波で経済的に不況に陥ったため、宇宙活動の縮小を余儀なくされてしまった。プーチン大統領の登場と資源価格高騰によりロシア経済は大幅に持ち直したが、宇宙開発への投資はそれほど増加していないのが実情である。

現在のロシアの宇宙開発にとって、スプートニク以来の圧倒的な蓄積が財産となっている。ロシアの宇宙技術を評して「枯れた技術」と呼ぶ人が多いが、これまでの蓄積に大きく依存しているからである。ソユーズ宇宙船の技術は、１９６０年代から使用されている歴史的な技術であるが、米国のスペースシャトルが引退した後、現在でも国際宇宙ステーションへ宇宙飛行士を運ぶのに用いられていることなどが典型である。

現在のロシアの経済規模は小さいが、それでも軍事技術開発はそれなりの規模となっており、宇宙開発の予算も維持されている。しかし、将来にわたって、米国や中国、あるいは欧州全体と競争していくには、資金面では足りないと考えられる。

ロシアの課題は、民生用の産業基盤の弱さである。宇宙開発は、様々な産業技術を総合的に反映したものであるため、米国や欧州に比較して後れを取ることが多いと想定される。

(3) 欧州(ESA)

欧州は米国ほどではないが、今回評価した4つの分野すべてにおいて高い評価となっており、総合力で優れている。

欧州の場合、フランス、ドイツ、英国など、いずれも一か国ではロシア、日本、中国などの国に劣ると考えられるが、欧州宇宙機関(ESA)としてまとまり、資金や人材を共有できていることが大きい。宇宙利用を進めるためには市場規模が重要であるが、これも一か国では中国や日本などに劣るものの、欧州全体では米国を凌駕する規模となる。

欧州は産業革命を開始した英国などの国々に、いろいろな産業技術の歴史と蓄積があり、これが科学技術の集大成ともいえるロケットや人工衛星の開発において、米国に劣らない競争力を有している理由となっている。なお、ESAでは民生用の宇宙開発が中心で、軍事利用も併せて進める米国やロシア、中国とは違う。しかし、ESAに参加するフランスや英国などでは、自らの宇宙開発機関で軍事的な開発も進めている点が日本と違うところである。

（4）日本

日本は、資金、人員、市場などの規模の点で、世界の宇宙開発主要国の後塵を拝するが、欧州と並んで総合力は高いと評価されている。

研究開発資金が小さいにもかかわらず総合力で優れているのは、日本の一般産業の技術力の強さによる。例えば衛星バスや通信放送衛星などを設計・製造する場合の部品や材料で、世界的にも競争力のあるメーカーが日本国内に多く存在している。また、科学分野のレベルも高く、すでに紹介したように、小田稔博士のすだれコリメータや近年のはやぶさの宇宙からの帰還は世界を唸らせたものである。

日本の大きな問題は、宇宙開発規模である。米国はもちろん、ロシア、欧州、中国に比較して、研究開発資金が小さい。日本では、宇宙開発の初期から最近まで、国会決議の制約により民生用に限られた開発しか行ってこなかった。１９９８年、テポドンの打ち上げにより北朝鮮の脅威が顕在化したため、偵察衛星に近い機能を有する情報収集衛星の開発が決まったが、これは例外であった。その後、２００８年に成立した宇宙基本法により過去の国会決議の制約はなくなったものの、まだ宇宙の防衛利用は活発化していない。米国などでは宇宙開発の予算の半分以上が防衛に関連していることから考えると、この部分をいかに大きくするかが課題となる。

(5) 中国

中国は、両弾一星政策に基づき、ロケットと人工衛星の開発に成功し、軍事的な開発の成功を民生用に転化させ、経済的な発展を受けて、世界で3番目となる有人宇宙飛行技術を有するに至った。しかし、米国、欧州、ロシアなどと比較して、実績と蓄積に欠ける。とりわけ実績が少ないのが、宇宙科学分野である。

現在の経済発展が今後とも続けば、ロシア、欧州を凌駕して、米国に近づくことも想定されるが、そのような状況となるのはまだ先のことであろう。中国の宇宙開発の特徴、強みと課題は次章で詳しく述べる。

13章

中国の宇宙開発の特徴

以下に筆者の個人的な見解として、中国の宇宙開発における特徴を述べたい。

1　強み

(1) 豊富な資金

中国の宇宙開発における現在の最大の強みは、研究開発資金の豊富さであろう。中国の経済発展は20世紀末に始まり、21世紀に入って加速した。ここ数年は成長率が鈍化し、中国指導部自らが経済状況を「ニューノーマル（新常態）」と呼ぶ状況にあるが、それでも政府発表の成長率が6パーセントを超えている。このような経済の拡大発展を受け、中国の宇宙開発を含む研究開発費の増加は、急激かつ膨大である。

科学技術全般に関する中国ならではの法律として、科学技術推進を国家の重要事項と定めている「科学技術進歩法」がある。1993年に法律として発効し、2008年に改定されているが、その中に「科学技術投資の増加率は国全体のGDPの増加率を上回る」との規定がある。実際のデータで見ると、2000年の中国全体の研究開発費が896億元であったものが、2014年には1兆3千16億元と、約15倍に達している。このため、現時点での中国全体の研究資金は米国に次いで第2位となっており、額的にもIMFレートで米国の半分のところまできている。ちなみに日本は長い間米国を追いかけていたが、現在は中国に次いで第3位に低下している。

宇宙開発の資金に国防的な資金が入ってくることも、中国の宇宙開発費の急激な増大につながっている。中国の人民解放軍の中には、陸海空の3軍に加えてロケット軍があり、これはミサイル担当の軍である。さらに宇宙関連では、戦略支援部隊が別途人民解放軍の中にあり、この内部組織である航天系統部は、ロケット打ち上げ射場の管理や打ち上げ後の追跡管制などの宇宙開発の実務を行っている。また有人宇宙飛行計画を所管しているのが人民解放軍であり、宇宙飛行士は戦略支援部隊の航天員大隊に所属している。中国の経済の驚異的な発展は、科学技術投資だけではなく国防関連経費の急激な増大をもたらしており、中国の宇宙開発経費が急激に増大している要因となっている。

（2）圧倒的なマンパワー

いくら開発資金があっても、それを使って開発成果を出す研究者や技術者がいないと、宇宙開発は発展しない。現在の中国の宇宙開発は、マンパワーの点でも極めて恵まれた状況にある。

元々中国は13億人の民を抱え世界最大の人口国であるが、経済発展前の2000年以前は科学技術人材王国ではなかった。最大の理由は、経済的な余裕がなく、研究開発のための人材を雇う資金が乏しかったためである。宇宙開発は、毛沢東主席の肝入りプロジェクトである両弾一星政策を実施していたので、他の科学技術分野と比較して恵まれていたと考えられるが、それでも例えば民生宇宙利用や宇宙科学などに投ずる人材の余裕はほとんどなかった。さらに、1966年に始まり1976年まで続いた文化大革命では、知識人への憎悪から両弾一星政策や国防目的の開発ですら悪影響を免れ得なかった。文化大革命は科学者・技術者などの人材を否定するものであったため、ほとんど科学者・技術者が育成されなかった。

文化大革命が終了し、中国の経済発展が進行するに従って状況が大きく変化し、２０００年代に入り急激に中国の研究開発人材の数が増大を始める。一般科学技術で見ると、２０００年で70万人前後と日本と同等であった研究者数が、２０１５年現在で約１５０万人を数え、米国の約１３０万人、日本の約70万人を抜いて世界一となっている。また、大学進学率も増加し、米国等に留学して博士号を取得する人も増えていることから、単に量だけではなく質的にも大幅にグレードアップされている。

中国の宇宙開発人材を見る場合、一般科学技術的な人材だけではよく見えない部分がある。具体的には、国家国防科技工業局（SASTIND）傘下の国営企業に属する人材である。国家国防科技工業局傘下には、中国航天科技集団有限公司および中国航天科工集団有限公司の２つの巨大国営企業があり、それぞれが多くの研究所や企業を有している。例えば、中国航天科技集団有限公司の傘下には、長征シリーズを開発・製造している中国運載火箭技術研究院や、各種の人工衛星を開発・製造している中国空間技術研究院があり、それぞれ３万１千６００人、２万7千人の職員を有している。これらの機関は宇宙以外の通常軍事兵器なども開発していることや、宇宙関連であっても製造ラインに勤務する職員もいることなどから、すべての職員が宇宙開発に直接従事しているとはいえないが、日本のＪＡＸＡや宇宙関連メーカーの従業員数に比較すると、ため息が出るほど巨大である。

（3）急激に拡大する宇宙関連市場

中国の現在の経済規模は世界第2位であり、第3位の日本の2・5倍で第1位の米国に近づきつつある。中国の市場の大きさは、例えば自動車、産業機械、エネルギー産品などあらゆる面で米国に準ずるものとなっている。このような巨大な市場は、宇宙開発にも大きな影響力を及ぼしており、米国や欧州諸国に後れを取っていた民生用の宇宙関連のビジネスは、今後飛躍的に拡大する可能性が高い。

とりわけＩＴ企業にかかわる宇宙開発は、中国の宇宙開発にとって重要となろう。中国の現在の経済成長の中で、元気さを際立たせているのがＩＴ企業であり、米国の国際的な企業とも互角にわたり合える実力を有している。このＩＴ企業は、宇宙開発と親和性を有する企業群の一つであり、通信関係の企業はその典型である。これまでは米国や欧州などの企業が開発した技術をベースとして中国のＩＴ企業は成長を続けてきたが、米国の貿易赤字解消や知的財産権保護への動きが顕在化し、自らも技術開発を進めていかないとこれ以上の成長は望めなくなってきており、その際宇宙開発は技術開発の重要なツールとなる。現在すでにその兆候が出ており、２０１６年8月に打ち上げられた「墨子」は、量子通信実証試験を世界で初めて行うために打ち上げられた衛星であり、このような画期的な試みは今後も続くと考えられる。

（4）着実なプロジェクトの進め方

中国の科学技術プロジェクトの進め方で、驚くのが進め方の着実さである。共産党の一党独裁であり、歴史的にもトップダウンに慣れている国民であるので、当然トップの歓心を買うべく少し無理をしてでも早くプロジェクトの成果を出したいと思うのではないかと推測するが、良い意味で裏切られることが多い。技術的に順を追って着実に進めているのである。

宇宙開発についても、同様のことがいえる。中国は神舟シリーズにより有人宇宙飛行を遂行しているが、1999年の神舟打ち上げから始まり、2002年末の神舟4号まですべて無人の宇宙船を飛ばし、技術のステップを踏んで着実に実績を積み上げている。そのうえで、神舟打ち上げから4年後の2003年10月、中国人初めての宇宙飛行士となる楊利偉氏を乗せた神舟5号が打ち上げられている。この神舟5号だけが日本を含めて世界に大々的に喧伝されたため、中国は国威発揚のためにあえて科学的な大冒険を実施したのではないかとの観測もなされた。しかし事実は違っており、手順を踏んで一歩一歩科学技術的な階段を上ってこの偉業に到達したというのが実際である。なお、その後も中国流の着実さは続き、次の神舟6号では2名の宇宙飛行士を乗せ、神舟7号では3名に増員するとともに、初めての宇宙遊泳に成功するなど、文字通り一歩一歩技術開発を進めている。このように、政治的な状況に見られるトップダウンとは異質な研究開発の進め方が、ここでは見られるのである。

2 課題

中国の宇宙開発の課題を挙げると次のとおりである。

（1）貧弱な宇宙科学活動

中国の宇宙開発の最大の課題は、宇宙科学活動の貧弱さである。宇宙科学の貧弱なのは、中国の宇宙開発の歴史に起因する。元々毛沢東主席のイニシアティブによる両弾一星という軍事的な目的で宇宙開発が始まり、両弾一星の目途が付いたところで民生用の人工衛星利用や国威発揚のための有人宇宙飛行に宇宙開発活動が拡大し、最後に残されたものが宇宙科学であった。したがって、米国、ロシア、欧州などと比較して、宇宙科学での蓄積が圧倒的に少ないのである。

近年になり、中国でも宇宙科学活動は活発化しつつある。嫦娥計画による月探査や、ダークマターを探索するための人工衛星「悟空」などがそれにあたるが、まだ米国、ロシア、欧州などの先行国を唸らせるほどの成果に至っていない。中国では、衛星や宇宙船の打ち上げなどのハードの開発が先行し、科学者のボトムアップの研究意欲を糾合してのプロジェクトになっていないと筆者は感じている。NASAにしても、ESAにしても、それぞれ米国や欧州の中に分厚い宇宙科学コミュニティがあり、その中での活発な議論を踏まえて、打ち上げるべき衛星や宇宙船などのプロジェクトが形作られるのであるが、中国ではそのような努力が不足しているように見える。

（2）オリジナリティに課題

もう一つの中国の課題は、オリジナリティの不足である。本書の評価のベースとなったJSTの宇宙技術力評価委員会で、複数の委員が個人的な意見としてつぶやいたのは、中国の技術開発においてのワクワク感の欠如である。アポロ計画時代の米ソはそれこそ国運をかけて宇宙の技術開発競争に立ち向かったのであり、相手国の考えもしないものを作ることにより相手を打ち負かそうとして、必死に知恵を絞ってきた。相手が考えていない、相手がやっていないといったことが極めて重要であり、これがオリジナリティである。

中国の宇宙開発では、目標をきちんと決め着実に実施していくが、内容的には米国や旧ソ連、さらには欧州や日本でなされたものを、時間をずらしてなぞっているにすぎないという感じを持つ。改良的な変更は当然多くあるが、いわゆる革新的な変更はないのである。米国のアポロ計画は人類の最大の挑戦であったし、事故と運営経費の高騰により退役を余儀なくされたスペースシャトルも従来のカプセル型宇宙船の概念を根底から変える技術開発であった。ソ連も宇宙競争において、人類初といった技術開発を何度も実施している。おそらく見えないところでの失敗はかなりの数に上ったであろう。日本も、遅れて宇宙開発に参入したが、糸川博士によるペンシルロケットからの開発は独自技術で進めるという気概を示したものであるし、宇宙科学における小田教授のすだれコリメータをはじめとしたX線天文学は長く日本のお家芸であった。さらに、近年では「はやぶさ」によるサンプルリターンは、小規模なものとはいえ人類初めての試みであった。中国の宇宙開発にはこのような試みが見当たらないのである。

どのような研究開発でもそうであるが、オリジナリティのある研究開発はある種の危険を伴う。人類初めてのことをやろうとするわけであり、本当にできるかどうか判らないことが多い。長い年月をかけて研究開発を行っても、結果として達成できない可能性がある。むしろ達成できないほうが圧倒的に多い。そうすると、そのような研究開発に携わった人たちは、結果として意味のない研究開発を行ってきたことになり、社会的にも葬り去られてしまうことになる。そのように社会的に葬り去られることに耐えることをいとわない、そしてそのような人たちにも温かい目を向けてくれる社会でなければ、オリジナリティのある研究開発はできない。

中国の宇宙開発では、いまだにオリジナルな研究開発が行われていない。ゼロのものを1にする研究と、1の状況のものを10にする研究とは本質的に違う。新しいオリジナルな研究は、研究資金やマンパワーが豊富であるなどという環境条件だけでは達成できない。オリジナリティが発揮できるようになるには、中国社会における研究開発の歴史と科学文化の蓄積が必要である。文化大革命以降極めて短期間に立ち上がった中国において、オリジナリティを支える研究開発の蓄積がまだ足りないのであろう。この点は時間が解決してくれる問題とも考えられ、将来それ程遠くない時期に、オリジナルと評価される中国の宇宙開発が続々と出現すると期待したい。

3　留意点

次に、強みであるか課題であるか現時点でよく判らないが、他の国と違う中国の宇宙開発システムについて述べる。

(1) 軍が直接関与

宇宙開発の目的に国防関連を掲げているのは、米国、ロシアなどがあるが、宇宙開発の実務に直接軍が関与しているのは中国の宇宙開発の特徴である。つまり中国の人民解放軍は、単にロケットや人工衛星のユーザーであるだけではなく、衛星発射センター、追跡管制センターなどの管理・運用を、解放軍傘下の戦略支援部隊の航天系統部を通じて実施している。

衛星発射センターが軍の運用に委ねられていることは、宇宙開発にかかわるコストを考慮する際には有利に働く。例えば、日本の種子島宇宙センターからH－ⅡAロケットを打ち上げる際には、かなりの運用コストが必要であり、さらに天候などにより所定の日に打ち上がらず延期される場合には、1日当たり約3千万円という費用が追加的に必要である。このような状況は、米国、ロシア、ESA(フランスのクールー基地)でも同様であるが、中国はそのような費用は発生しない。

人民解放軍が中国の宇宙開発に関与していることを理由として、中国の宇宙開発があたかも国防利用を中心に行われているという論調を、時々日本国内で見ることがある。宇宙開発で国防利用を中心に考えている国は中国だけではなく、米国、ロシア、インドなども同様である。また、ESAは民生利用が中心であるが、フランスや英国などはそれぞれの国において必要となる国防的な宇宙開発は実施している。これらの国と比較して、中国が突出して国防利用に比重をかけているわけではない。むしろ、つい最近まで宇宙開発に関する国会決議に拘束されて国防的な宇宙開発ができなかった日本のほうが異質である。

人民解放軍の宇宙開発も少々乱暴なところがある。それは、２００７年1月の衛星破壊実験である。この実験は多数のスペースデブリを発生させており、有人宇宙開発の新たな懸念となる可能性があるとして欧米諸国から抗議がなされた。かつては、米国、ソ連も同様の実験を行っており、スペースデブリの危険性が認知されるようになって以降、20年以上この種の破壊実験を行っていなかった。

なお、米国は中国との科学技術協力一般には非常に積極的であるが、宇宙開発に関する協力は原則禁止となっている。これは、米国の連邦議会内にある中国の宇宙にかかわる軍事利用についての強い懸念を受けてである。ただし、ＮＡＳＡなどは、例えばスペースデブリの除去などでの米中間での宇宙協力は可能と考えているといわれている。

（2）司令塔がない

宇宙開発を行う国々は、それぞれ宇宙開発全体を統括し指揮をする司令塔的な組織を有している。米国のＮＡＳＡが代表的な例であり、ロシアはロスコスモス、欧州はＥＳＡ、日本はＪＡＸＡなどである。

中国には国家航天局という組織があるが、ＨＰでは国家航天局の業務は国外折衝の窓口が中心であり、実態的に国務院の国家国防科技工業局（SASTIND）の一部局であると考えられる。そうだとすると、中国の宇宙開発に重要な貢献をしている人民解放軍、科学研究などに携わる中国科学院などとは、完全に独立して設置されていることになる。したがって、ＮＡＳＡなどとは違って宇宙開発全体の司令塔ではない。

宇宙開発の司令塔がないことが、これからの宇宙開発にどのような影響が出るかは現時点でよく判らないが、留意しておくべきことであろう。

あとがき

本書は、はじめにで述べたように、国立研究開発法人科学技術振興機構（ＪＳＴ）研究開発戦略センター（ＣＲＤＳ）の業務の一環としてとりまとめたものである。技術評価のベースとなったのは、ＪＳＴのＣＲＤＳが２０１１年、２０１３年、２０１５年の3回にわたって実施した、「Ｇ－ＴｅＣ報告書・世界の宇宙技術力比較」である。本書では、これらの報告書のうち２０１５年末までの各国・地域の宇宙開発活動を調査した結果をとりまとめた２０１５年度版を中心に記述した。

本書の執筆にあたり、「世界の宇宙技術力比較調査研究会」の委員長を務めた青江茂元文部科学省宇宙開発委員会委員長代理、委員長代理を務めた小澤秀司元宇宙航空研究開発機構理事に貴重なご意見とご示唆をいただいた。また、同委員会の事務局を筆者と一緒に務めた辻野照久氏にもご意見をいただくとともに、２０１５年以降の各国の宇宙開発データの提供をいただいた。

本書に用いた図の一部を、本書の執筆当時ＣＲＤＳに所属していた山田陽子氏に作成をお願いした。

これらの方々に、深く感謝したい。

参考文献等

・ＪＳＴ／ＣＲＤＳ：Ｇ－ＴｅＣ報告書 世界の宇宙技術力比較（２０１５年度）、２０１６年
・ＪＳＴ／ＣＲＤＳ：Ｇ－ＴｅＣ報告書 世界の宇宙技術力比較（２０１３年度）、２０１４年
・ＪＳＴ／ＣＲＤＳ：Ｇ－ＴｅＣ報告書 世界の宇宙技術力比較（２０１１年度）、２０１１年
・ＪＢＴＶ株式会社Ｗｅｂサイト：http://www.jbtv.co.jp/
・みちびきＷｅｂサイト：http://qzss.go.jp/
・気象衛星センターＷｅｂサイト：http://www.data.jma.go.jp/
・宇宙切手の展示室Ｗｅｂサイト：http://www.spacephila.jp/
・武部俊一：宇宙開発50年、朝日新聞社、２００７年
・寺門和夫：中国、「宇宙強国」への野望、株式会社ウェッジ、２０１７年
・林幸秀：科学技術大国中国、中央公論新社、２０１３年
・林幸秀：北京大学と清華大学、丸善プラネット社、２０１４年
・林幸秀：中国科学院、丸善プラネット社、２０１７年

その他、Ｗｅｂサイト、中国語版の百度（Baidu）および日本語版ウィキペディア（Wikipedea）を参考とした。

著者紹介

林　幸秀　**(はやし ゆきひで)**

国立研究開発法人科学技術振興機構研究開発戦略センター・上席フェロー（海外動向ユニット所属)。1973年東京大学大学院工学系研究科修士課程原子力工学専攻卒。文部科学省科学技術・学術政策局長、内閣府政策統括官（科学技術政策担当)、文部科学審議官、宇宙航空研究開発機構（JAXA）副理事長などを経て、2010年より現職。2017年より公益財団法人ライフサイエンス振興財団理事長を兼務。著書に『科学技術大国中国〜有人宇宙飛行から、原子力、iPS細胞まで』、『北京大学と清華大学〜歴史、現況、学生生活、優れた点と課題』、『中国科学院〜世界最大の科学技術機関の全容、優れた点と課題』など。

中国の宇宙開発

2019年1月20日　初版発行

著　者… 国立研究開発法人　科学技術振興機構
研究開発戦略センター
林　幸秀

発　行… 株式会社アドスリー
〒164-0003 東京都中野区東中野 4-27-37
TEL：03-5925-2840
FAX：03-5925-2913
E-mail：principle@adthree.com
URL：https://www.adthree.com

発　売…丸善出版株式会社
〒101-0051 東京都千代田区神田神保町 2-17
神田神保町ビル 6F
TEL：03-3512-3256
FAX：03-3512-3270
URL：https://www.maruzen-publishing.co.jp

デザイン・DTP… 吉田佳里

印刷製本…日経印刷株式会社

ISBN978-4-904419-82-3　C0040